L'art de la teinture du coton en rouge

JEAN-ANTOINE CHAPTAL

Deterville, 1807

TABLE DES MATIERES

TEINTURE EN ROUGE,
DES APPRÊTS DANS LA TEINTURE DU COTON
EN ROUGE,
DES MORDANS DANS LA TEINTURE DU COTON
EN ROUGE,
DU GARANÇAGE DANS LA TEINTURE DU
COTON EN ROUGE,
DE L'AVIVAGE DANS LA TEINTURE DU COTON
EN ROUGE,
DES MODIFICATIONS QU'ON PEUT APPORTER
AUX PROCÉDÉS DE LA TEINTURE DU COTON
EN ROUGE,
DES MODIFICATIONS QU'ON PEUT APPORTER
AUX APPRÊTS,
DES MODIFICATIONS QU'ON PEUT APPORTER
AUX MORDANS,
DES MODIFICATIONS QU'ON PEUT APPORTER
AU GARANÇAGE,
DES MODIFICATIONS QU'ON PEUT APPORTER À
L'AVIVAGE,
DES MODIFICATIONS QU'ON PEUT APPORTER À
LA COMPOSITION D'ÉTAIN,
DE LA MANIÈRE DE PRODUIRE QUELQUES
NUANCES DE ROUGE CONNUES DANS LE
COMMERCE,
DU ROUGE DES INDES,
DE LA COULEUR ROSE,
DE L'ÉCARLATE,
DU ROUGE DE GARANCE OBTENU PAR
D'AUTRES PROCÉDÉS PLUS ÉCONOMIQUES,
DU MÉLANGE DU ROUGE DE GARANCE AVEC
LE BLEU POUR FORMER LE VIOLET ET TOUTES
SES NUANCES,
THÉORIE DE L'OPÉRATION DE LA TEINTURE

DU COTON EN ROUGE,
EXPLICATION DES FIGURES
TABLE DES MATIÈRES

DU CHOIX D'UN LOCAL PROPRE À FORMER UN ÉTABLISSEMENT DE TEINTURE EN COTON,

CHAPITRE PREMIER.

Du choix d'un Local propre à former un établissement de Teinture en coton.

Une fabrique quelconque ne peut prospérer qu'autant qu'elle est établie dans un local bien choisi.

On peut lutter, à la vérité, pendant quelque temps, à force d'économie, d'intelligence et de bonne administration, contre les vices de la localité; mais, comme les effets d'un mauvais emplacement se répètent, chaque jour, et à chaque instant, ils minent, peu à peu, l'établissement par sa base, et entraînent infailliblement sa chûte.

Je pourrois en appeler ici à ces malheureux entrepreneurs qui, chaque jour, ensevelissent leur fortune dans divers établissemens: ils vous diroient tous que, séduits par la disposition d'une belle maison, ou par le bas prix de la main-d'oeuvre, ou par la beauté d'un cours d'eau, ou par l'abondance du combustible, ils se sont laissé entraîner à former des fabriques, et qu'ils ne se sont apperçus que l'emplacement ne présentoit qu'une des conditions nécessaires au succès, que lorsque leur ruine a été consommée.

Les objets d'approvisionnement pour une teinture, sont le coton, la garance, la soude, l'huile, la noix de galle, le sang et le savon.

Ces objets d'approvisionnement se trouvent par-tout: mais ils ne sont pas par-tout au même prix; et, conséquemment, les ateliers de teinture ne peuvent pas être placés, indistinctement, et comme au hasard, sur tous les points du globe.

La garance est celui de tous les élémens de la teinture qui est employé à plus haute dose; et c'est encore celui qui présente le plus d'embarras dans le transport.

La soude, l'huile, la noix de galle et le savon qui se tirent également du Midi, offrent, à la vérité, des différences moins sensibles, parce qu'on les emploie dans une proportion moins forte que la garance: cependant le poids de ces objets réunis équivaut à environ deux fois le poids du coton employé; de manière que leur transport, du Midi au Nord, nous présente un désavantage égal à celui de la garance.

Indépendamment de la quantité, l'eau doit encore réunir quelques qualités qui la rendent propre à la teinture: elle doit être pure et exempte de sels terreux; car, outre qu'elle ne dissoudroit pas le savon, la noix de galle et la soude qu'on emploie dans la teinture en précipiteroient la partie terreuse sur le coton, et la couleur rouge en deviendroit terne et vineuse, sur-tout si le principe terreux étoit de la chaux, comme cela est ordinairement.

Il est encore à désirer qu'on ait à sa disposition une eau qui ne contracte pas un trop grand froid: les eaux qui sont exposées au midi, celles qui coulent sur un sol marneux, sont, en général, plus chaudes que celles qui sont exposées au nord ou qui coulent sur la pierre ou les cailloux: les ouvriers, obligés, chaque jour, de plonger dans l'eau les pieds et les mains, pour y laver les cotons, se refusent à ces opérations ou les exécutent mal, et contractent même souvent des maladies, lorsque les eaux sont glaciales.

L'eau qui ne se gèle point est encore préférable à celle qui se gèle: car les suspensions de travail dans les fabriques sont toujours ruineuses.

Comme, en général, chacune des opérations, qu'on fait subir au coton, se termine par le lavage, et qu'on ne peut pas passer de l'une à l'autre sans avoir séché le coton, il s'ensuit que l'emplacement qu'on destine à former un atelier de teinture doit offrir une exposition favorable à la dessiccation. Cet emplacement doit recevoir le soleil de midi, et néanmoins être assez abrité pour que le vent ne tourmente pas les cotons à l'étendage: car, outre l'inconvénient de dessécher trop vite et inégalement, les fils se mêlent, les mateaux s'amoncèlent ou sont jetés sur les piquets, sur la surface desquels ils s'accrochent et se déchirent.

Il faut encore que le local, dans lequel on veut établir une teinture, présente un développement suffisant; qu'il soit clos de murs ou entouré de fossés; que les avenues en soient faciles, et qu'on puisse s'y procurer aisément le nombre d'ouvriers dont on a besoin.

DES MOYENS DE DISPOSER LE LOCAL POUR LE RENDRE PROPRE AUX OPÉRATIONS DE LA TEINTURE,

CHAPITRE II

Des Moyens de disposer le Local pour le rendre propre aux opérations de la Teinture.

L'arrangement des diverses parties d'un atelier doit être tel que toutes les opérations se servent et se correspondent; que les transports y soient aisés; que l'ouvrier trouve, sous sa main, les objets dont il a besoin; que chaque opération s'exécute dans un lieu qui lui soit destiné. Ce n'est que par ce moyen, qu'on évitera la confusion dans les manoeuvres, qu'on portera une surveillance aisée sur toutes les opérations, et qu'on maintiendra chaque ouvrier dans une activité convenable.

ARTICLE PREMIER.

Des dispositions qu'on doit faire pour établir les Magasins.

Lorsqu'on veut approprier un local, pour y former un atelier de teinture, il faut s'occuper, en premier lieu, de donner aux magasins une assez grande étendue, pour qu'on puisse y placer commodément la garance, la noix de galle, le sumach, l'huile, le savon et la soude.
La garance doit être déposée et conservée dans un magasin très-bien aéré, et qui soit à portée de l'usine où doit s'en faire le broiement. Comme la garance présente un grand volume, et qu'on en consomme une grande quantité dans une teinture en coton, il est convenable de consacrer un magasin pour elle seule.

La soude exige un local particulier.

L'huile et le savon peuvent être renfermés dans le même lieu.

La garance, le sumach, la noix de galle et la soude ne s'emploient qu'en poudre, ce qui suppose une mécanique quelconque pour écraser et broyer ces matières.

On connoît deux moyens, dans les fabriques, pour broyer ou pulvériser ces substances: la meule et le bocard. La meule a l'inconvénient d'exiger un plus fort degré de siccité dans la garance: le bocard occasionne une plus grande volatilisation, et conséquemment une plus grande perte.

Ces deux mécanismes sont mis en jeu par l'eau ou par la force d'un cheval: le premier moteur est plus économique et plus égal; le second a l'avantage de pouvoir être établi par-tout, et, par conséquent, de pouvoir être placé dans le lieu le plus convenable de l'atelier.

Comme la garance est assez généralement recouverte d'une croûte terreuse dont il faut la débarrasser, et que sa première enveloppe ne fournit qu'une mauvaise couleur, on est dans l'usage de sécher la garance au soleil ou dans des étuves, pour en détacher plus facilement le principe terreux et cette pellicule: cette première opération s'exécute en frappant sur la garance avec un bâton très-souple et en l'agitant avec une fourche.

Ce mélange d'un peu de terre, de l'épiderme et de quelques brindilles ou radicules, n'a besoin que d'être criblé pour que la terre s'en sépare, et il en résulte une garance de mauvaise qualité, qu'on appelle, dans le commerce, garance de billon, et qu'on n'emploie dans la teinture que pour des couleurs obscures ou bleuâtres.

On sépare celle-ci à l'aide du crible ou du blutoir, et on reporte, sous la meule ou le bocard, la portion ligneuse qui est restée entière, pour obtenir une troisième qualité de garance, qu'on appelle garance robée.

On trouve ces trois qualités de garance dans le commerce: la plus estimée de toutes est la troisième: mais, dans les teintures en coton, après avoir séparé avec soin la terre et l'épiderme, on broie tout le corps de la racine pour ne former qu'une qualité.

ARTICLE II.

Des dispositions qu'on doit donner à l'Atelier pour y établir les Salles des mordans et des apprêts.

Pour disposer convenablement cette partie de l'atelier, dans laquelle s'exécutent les principales opérations de la teinture, il faut savoir que les cotons sont imprégnés, pendant plusieurs jours de suite, d'une liqueur savonneuse; qu'après cela on les engalle et on les alune; qu'ensuite on les garance et qu'on termine l'opération par l'avivage.

Les dispositions intérieures qui m'ont paru les plus avantageuses sont les

suivantes:

La salle, dans laquelle on passe le coton aux huiles, doit présenter la forme d'un carré oblong: les portes doivent s'ouvrir dans l'étendage pour faciliter le transport des cotons; elles doivent être larges, pour que le passage soit facile, et que, dans les divers transports, le coton ne s'y accroche pas.

On place deux terrines entre deux jarres, de manière que chaque jarre ait deux terrines à droite et deux à gauche.

On doit observer que les terrines soient placées à un pied (0,325 mètre) de distance l'une de l'autre: les jarres peuvent être un peu plus rapprochées des terrines.

En supposant que chaque partie de coton pèse 200 livres (100 kilogrammes), la jarre doit avoir assez de capacité pour contenir 250 livres (125 kilogrammes) d'eau.

La forme des terrines doit être conique: l'intérieur sera vernissé et le fond se terminera en oeuf. Cette forme paroît être la plus avantageuse, pour fouler le coton et rendre la pression bien égale. Voyez fig. 1, pl 1.

À un pied (0,325 mètre) au-dessus du massif de maçonnerie dans lequel sont engagées les jarres et les terrines, on fixe contre le mur, et parallèlement au sol, un liteau de bois, large de 6 pouces (0,162 mètre) et épais de 2 (0,054 mètre), on le fait régner sur tous les côtés où les jarres sont établies.

On place dans la salle, deux ou trois tables, de deux pieds (0,650 mètre) de haut, sur 3 (un mètre) de large. Ces tables servent à recevoir les cotons, à mesure qu'on les travaille.

La figure 5, pl. 1, donnera une idée de la disposition de l'intérieur d'une salle aux apprêts.

Dans le Midi de la France, les lessives se préparent encore dans de grandes jarres, qu'on ensevelit dans la terre, et partie dans la maçonnerie, presque jusqu'au bord de leur orifice; mais ce moyen de lessiver les soudes est très-imparfait, et je préfère celui qui est usité dans le Nord.

Comme les opérations de l'engallage et de l'alunage succèdent à celles dont nous venons de nous occuper, il convient de placer l'atelier, dans lequel s'exécutent ces opérations, à côté du dernier.

Ces chaudières doivent être rondes, et établies de manière que le feu soit servi en dehors de l'atelier, pour que la fumée ou la flamme n'incommode point les ouvriers: elles peuvent avoir les dimensions suivantes: 2 pieds 6 pouces (0,812 mètre) de largeur, sur 2 pieds 8 pouces (0,867 mètre) de profondeur, en supposant qu'on opère sur 200 livres (100 kilogrammes) de coton; mais, comme on passe souvent à l'engallage et à l'alunage, deux parties de coton, à-la-fois, on peut donner aux chaudières 3 pieds 4 pouces (1,083 mètre) de diamètre, sur 2 pieds 8 pouces (0,867 mètre) de profondeur.

ARTICLE III.

Disposition de l'Atelier pour le Garançage et l'Avivage.

Lorsque les cotons sont séchés après leur alunage, on les lave avec beaucoup de soin; et, dès qu'ils sont secs, on procède à leur garançage.

L'atelier du garançage doit être disposé de manière que l'eau puisse couler, par sa pente naturelle, dans toutes les chaudières, et y arriver, en assez grande quantité, pour que la chaudière soit remplie en très-peu de temps.

Cet atelier doit être très-aéré, pour éviter le séjour des vapeurs incommodes, qui s'élèvent de la chaudière, incommodent les ouvriers et ne permettent pas de juger de l'état du coton.

Lorsqu'on peut établir une large communication entre le lavoir et l'atelier du garançage, on se donne par-là une grande facilité pour le transport du coton, l'issue des vapeurs et la surveillance des travaux.

L'étendue de cet atelier, et le nombre des chaudières qu'on doit y établir, dépendent de la quantité de coton qu'on se propose d'avoir à-la-fois en teinture. On pourra déterminer aisément les dimensions de l'atelier et le nombre des chaudières, lorsqu'on saura qu'on peut garancer 70 livres de coton (35 kilogrammes) dans une chaudière de 7 pieds 6 pouces (2,274 mètres) de longueur, sur 3 pieds 9 pouces (1,118 mètre) de largeur, et un pied 6 pouces (0,487 mètre) de profondeur; et qu'on peut faire cinq à six garançages, par jour, dans la même chaudière.

Les chaudières d'avivage doivent donc être établies à côté des chaudières de garançage; et il en faut deux pour chacune de ces dernières, si l'on veut qu'il n'y ait jamais d'interruption dans les travaux.

Au-dehors de la salle, sous un hangar, on place des cuviers pour lessiver les soudes, et former les lessives nécessaires aux apprêts.

J'ai vu, dans plusieurs fabriques du Nord, des chaudières d'avivage qui ne diffèrent des chaudières rondes que par le couvercle, dont on se sert pour les recouvrir et pour empêcher que le coton ne soit poussé au-dehors par les efforts de l'ébullition.

Je crois la forme des chaudières ovales préférable, parce que le coton y est mieux baigné dans le liquide; parce que la chaleur y est plus concentrée, et parce qu'elle présente une plus grande résistance à l'effort des vapeurs.

Non loin des chaudières d'avivage doivent être placés les cuviers nécessaires pour préparer les lessives de soude employées à cette opération.

Avant que la construction des fourneaux eût reçu les perfectionnemens qu'on lui a donnés de nos jours, on se bornoit à établir une chaudière sur quatre murs, de manière que le foyer en occupât toute la largeur et longueur, à l'exception d'environ 3 à 4 pouces (un décimètre) de chaque côté, par lesquels la chaudière reposoit sur les murs: une porte pratiquée au milieu d'un des murs des extrémités, facilitoit le service du combustible et

donnoit entrée à l'air; la cheminée étoit construite vis-à-vis et à l'autre extrémité.

Le progrès des lumières, et le besoin d'économiser le temps et le combustible, ont du apporter des changemens dans la construction des fourneaux dont nous allons nous occuper.

Une construction de fourneau ne peut être réputée bonne, qu'autant que la chaleur s'applique également sur tous les points de la surface du vase évaporatoire, et que toute celle qui se développe par la combustion est mise à profit.

On peut donc déclarer qu'il existe des imperfections:

2°. Toutes les fois qu'on voit fumer la cheminée: car cette fumée, toute composée de corps combustibles entrainés par le courant, annonce qu'ils ont échappé à la combustion.

3°. Toutes les fois qu'on sent l'impression d'une chaleur vive dans le courant d'air qui sort par la cheminée.

En apportant quelques changemens dans chacune des parties qui composent un fourneau d'évaporation, on est parvenu à approcher de bien près de la perfection.

Lorsqu'on emploie le charbon, et que, par conséquent, il faut pratiquer un cendrier, on a soin de le rendre profond, tant pour éviter que le menu charbon qui tombe embrasé ne dilate l'air qui aborde, que pour le mettre à l'abri des courans d'air extérieurs qui, variant sans cesse de force et de direction, rendent la combustion inégale.

La chaleur qui s'élève d'un foyer exerce son maximum d'action à une hauteur qu'il faut connoître, mais qui varie d'après les causes que nous venons d'indiquer. En général, le combustible qui développe beaucoup de flamme, exige une hauteur plus élevée; le charbon de terre épuré et le charbon de bois en demandent une plus basse. Mais c'est toujours entre ces deux extrêmes qu'il faut prendre l'élévation convenable.

Quelquefois, au fond du foyer, vis-à-vis la porte, sont pratiquées deux ouvertures qui forment la naissance des cheminées tournantes, et qui viennent se réunir au-dessus de la porte du foyer en un seul tuyau, par lequel le courant d'air qui a servi à alimenter le feu, s'échappe dans l'atmosphère. Dans ce cas, la cheminée perpendiculaire est au-dessus de la porte du foyer.

Mais plus souvent le courant ne sort du foyer que par une ouverture; alors la cheminée tournante se termine dans la cheminée perpendiculaire, à l'extrémité opposée à celle du foyer et du cendrier.

Lorsque les chaudières sont très-grandes, et qu'il est difficile, sans employer une énorme quantité de combustible, d'en échauffer la base, on y pratique encore des cheminées tournantes, qui vont s'ouvrir dans celles qui règnent tout autour.

Les murs qui séparent les courans de la cheminée au-dessous de la

chaudière, doivent être peu épais; leur largeur sera à-peu-près celle d'une brique.

Au moment de placer la chaudière, on doit recouvrir la surface supérieure de ces cloisons d'une couche de lut, fait avec le crottin de cheval et l'argile pétris ensemble, pour que la chaudière touche par tous les points et que la flamme ou le courant d'air qui sort du foyer, soit forcé de parcourir toute l'étendue de la cheminée.

ARTICLE IV.

Des Dispositions qu'il faut donner au Lavoir.

Nous avons beaucoup parlé du lavoir, sans en déterminer la position: mais l'on a déjà senti que le lavage du coton terminant chaque opération, le lavoir doit être, pour ainsi dire, au centre de l'atelier et à côté de l'étendage.

L'eau du lavoir doit être courante sans être trop rapide; et le volume doit en être tel, que plusieurs ouvriers puissent s'y placer, à-la-fois, sans être gênés dans leurs mouvemens.

Pour approprier un lavoir à ses usages, il faut commencer par en paver le sol; par ce moyen, on y maintient plus de propreté, attendu que le coton ne se mêle pas au limon ou à la terre qui en recouvre le fond, et que d'ailleurs il ne s'accroche plus aux objets raboteux qui pourroient s'y trouver.

On élève, sur chaque côté et à un pied (0,325 mètre) au-dessus du niveau de l'eau, un petit mur de 3 pieds (0,975 mètre) de largeur. La surface doit en être bien polie. On peut employer, à cet usage, de belles dalles ou de larges plateaux de bois qui remplacent les murs de maçonnerie.

Il est prudent, sur-tout lorsque le lavoir est établi sur un courant d'eau rapide, de placer un grillage à l'extrémité, afin d'arrêter le coton qui peut être entraîné.

J'ai vu des fabriques où le lavoir étoit établi sur des eaux stagnantes: mais, dans ce cas, le coton se nettoie mal, et la couleur n'a jamais l'éclat desirable.

ARTICLE V.

Des Dispositions à donner à l'Étendage.

La position, l'étendue et l'exposition de l'étendage influent singulièrement sur le sort d'un établissement de teinture: car, comme dans chacune des nombreuses opérations qu'on fait subir au coton, on est obligé de le sécher après chaque opération avant de passer à une autre, il faut que l'étendage soit à portée de l'atelier, et que sa disposition, sous le rapport de l'étendue et de l'exposition, présente tous les avantages convenables pour sécher promptement, et d'une manière égale, la quantité de coton qu'on mène de

front dans l'atelier.

Nous devons donc nous occuper essentiellement des dispositions qu'il convient de donner à un étendage en plein air. On pourra facilement en déduire des conséquences pour les dispositions d'un étendage couvert, en observant, toutefois, que, dans ce dernier, les cotons ne peuvent être que beaucoup plus serrés, par rapport à la cherté des constructions et à la dépense du combustible.

Le sol qu'on destine à former un étendage, ne doit être ni humide, ni entouré de bois: dans l'un et l'autre cas, la dessiccation y seroit longue et pénible.

Lorsqu'on a fait choix du local, on le dispose de la manière suivante: on commence d'abord par en aplanir le terrain, et arracher toutes les herbes, les arbres et arbustes. On foule le sol de manière à s'assurer que la végétation ne puisse pas s'y rétablir. On trace ensuite des lignes parallèles entr'elles et à la distance de 10 pieds 6 pouces (3 mètres) l'une de l'autre. On les dirige du sud à l'est. Après avoir tracé les lignes, on plante des piquets sur toute leur longueur, à la distance de 6 pieds (2 mètres) l'un de l'autre. Ces piquets doivent être très-droits, d'une surface bien unie, d'une grosseur d'environ 4 pouces (0,108 mètre) de diamètre: ils doivent s'élever au-dessus du sol de 3 pieds 8 pouces (1,192 mètre), et le pied doit être assujéti dans une bonne maçonnerie, ou scellé dans un dé de pierre.

On fixe des soliveaux parallèles au sol sur le sommet de ces piquets; ces soliveaux, dont l'épaisseur est d'environ 4 pouces en carré (environ un décimètre), règnent dans toute la longueur de l'étendage, et sont destinés à supporter des barres mobiles dans lesquelles on passe les mateaux de coton qu'on destine à sécher.

Les barres dont nous venons de parler, doivent être d'un bois très-léger; elles doivent avoir des surfaces très-lisses, et environ 12 pieds (environ 4 mètres) de longueur.

Chacune de ces barres peut recevoir 4 livres de coton (2 kilogrammes); de sorte que, pour opérer à-la-fois, dans l'atelier, sur 5,000 livres (250 myriagrammes), il en faut 1,200.

Il est nécessaire de pratiquer deux ou trois allées dans l'étendage, pour pouvoir communiquer dans les rangs, et se porter sur tous les points, sans être forcé d'entrer par l'une ou l'autre des extrémités.

Nous avons essayé de présenter, dans la fig. 1, pl. 3, une disposition d'atelier de teinture que nous croyons réunir les principaux avantages dont nous avons parlé.

DES DISPOSITIONS QU'ON DOIT FAIRE POUR ÉTABLIR LES MAGASINS,

CHAPITRE II

Des Moyens de disposer le Local pour le rendre propre aux opérations de la Teinture.

L'arrangement des diverses parties d'un atelier doit être tel que toutes les opérations se servent et se correspondent; que les transports y soient aisés; que l'ouvrier trouve, sous sa main, les objets dont il a besoin; que chaque opération s'exécute dans un lieu qui lui soit destiné. Ce n'est que par ce moyen, qu'on évitera la confusion dans les manoeuvres, qu'on portera une surveillance aisée sur toutes les opérations, et qu'on maintiendra chaque ouvrier dans une activité convenable.

ARTICLE PREMIER.

Des dispositions qu'on doit faire pour établir les Magasins.

Lorsqu'on veut approprier un local, pour y former un atelier de teinture, il faut s'occuper, en premier lieu, de donner aux magasins une assez grande étendue, pour qu'on puisse y placer commodément la garance, la noix de galle, le sumach, l'huile, le savon et la soude.

La garance doit être déposée et conservée dans un magasin très-bien aéré, et qui soit à portée de l'usine où doit s'en faire le broiement. Comme la garance présente un grand volume, et qu'on en consomme une grande quantité dans une teinture en coton, il est convenable de consacrer un magasin pour elle seule.

La soude exige un local particulier.

L'huile et le savon peuvent être renfermés dans le même lieu.

La garance, le sumach, la noix de galle et la soude ne s'emploient qu'en poudre, ce qui suppose une mécanique quelconque pour écraser et broyer ces matières.

On connoît deux moyens, dans les fabriques, pour broyer ou pulvériser ces substances: la meule et le bocard. La meule a l'inconvénient d'exiger un plus fort degré de siccité dans la garance: le bocard occasionne une plus grande volatilisation, et conséquemment une plus grande perte.

Ces deux mécanismes sont mis en jeu par l'eau ou par la force d'un cheval: le premier moteur est plus économique et plus égal; le second a l'avantage de pouvoir être établi par-tout, et, par conséquent, de pouvoir être placé dans le lieu le plus convenable de l'atelier.

Comme la garance est assez généralement recouverte d'une croûte terreuse dont il faut la débarrasser, et que sa première enveloppe ne fournit qu'une mauvaise couleur, on est dans l'usage de sécher la garance au soleil ou dans des étuves, pour en détacher plus facilement le principe terreux et cette pellicule: cette première opération s'exécute en frappant sur la garance avec un bâton très-souple et en l'agitant avec une fourche.

Ce mélange d'un peu de terre, de l'épiderme et de quelques brindilles ou radicules, n'a besoin que d'être criblé pour que la terre s'en sépare, et il en résulte une garance de mauvaise qualité, qu'on appelle, dans le commerce, garance de billon, et qu'on n'emploie dans la teinture que pour des couleurs obscures ou bleuâtres.

On sépare celle-ci à l'aide du crible ou du blutoir, et on reporte, sous la meule ou le bocard, la portion ligneuse qui est restée entière, pour obtenir une troisième qualité de garance, qu'on appelle garance robée.

On trouve ces trois qualités de garance dans le commerce: la plus estimée de toutes est la troisième: mais, dans les teintures en coton, après avoir séparé avec soin la terre et l'épiderme, on broie tout le corps de la racine pour ne former qu'une qualité.

ARTICLE II.

Des dispositions qu'on doit donner à l'Atelier pour y établir les Salles des mordans et des apprêts.

Pour disposer convenablement cette partie de l'atelier, dans laquelle s'exécutent les principales opérations de la teinture, il faut savoir que les cotons sont imprégnés, pendant plusieurs jours de suite, d'une liqueur savonneuse; qu'après cela on les engalle et on les alune; qu'ensuite on les garance et qu'on termine l'opération par l'avivage.

Les dispositions intérieures qui m'ont paru les plus avantageuses sont les

suivantes:

La salle, dans laquelle on passe le coton aux huiles, doit présenter la forme d'un carré oblong: les portes doivent s'ouvrir dans l'étendage pour faciliter le transport des cotons; elles doivent être larges, pour que le passage soit facile, et que, dans les divers transports, le coton ne s'y accroche pas.

On place deux terrines entre deux jarres, de manière que chaque jarre ait deux terrines à droite et deux à gauche.

On doit observer que les terrines soient placées à un pied (0,325 mètre) de distance l'une de l'autre: les jarres peuvent être un peu plus rapprochées des terrines.

En supposant que chaque partie de coton pèse 200 livres (100 kilogrammes), la jarre doit avoir assez de capacité pour contenir 250 livres (125 kilogrammes) d'eau.

La forme des terrines doit être conique: l'intérieur sera vernissé et le fond se terminera en oeuf. Cette forme paroît être la plus avantageuse, pour fouler le coton et rendre la pression bien égale. Voyez fig. 1, pl 1.

À un pied (0,325 mètre) au-dessus du massif de maçonnerie dans lequel sont engagées les jarres et les terrines, on fixe contre le mur, et parallèlement au sol, un liteau de bois, large de 6 pouces (0,162 mètre) et épais de 2 (0,054 mètre), on le fait régner sur tous les côtés où les jarres sont établies.

On place dans la salle, deux ou trois tables, de deux pieds (0,650 mètre) de haut, sur 3 (un mètre) de large. Ces tables servent à recevoir les cotons, à mesure qu'on les travaille.

La figure 5, pl. 1, donnera une idée de la disposition de l'intérieur d'une salle aux apprêts.

Dans le Midi de la France, les lessives se préparent encore dans de grandes jarres, qu'on ensevelit dans la terre, et partie dans la maçonnerie, presque jusqu'au bord de leur orifice; mais ce moyen de lessiver les soudes est très-imparfait, et je préfère celui qui est usité dans le Nord.

Comme les opérations de l'engallage et de l'alunage succèdent à celles dont nous venons de nous occuper, il convient de placer l'atelier, dans lequel s'exécutent ces opérations, à côté du dernier.

Ces chaudières doivent être rondes, et établies de manière que le feu soit servi en dehors de l'atelier, pour que la fumée ou la flamme n'incommode point les ouvriers: elles peuvent avoir les dimensions suivantes: 2 pieds 6 pouces (0,812 mètre) de largeur, sur 2 pieds 8 pouces (0,867 mètre) de profondeur, en supposant qu'on opère sur 200 livres (100 kilogrammes) de coton; mais, comme on passe souvent à l'engallage et à l'alunage, deux parties de coton, à-la-fois, on peut donner aux chaudières 3 pieds 4 pouces (1,083 mètre) de diamètre, sur 2 pieds 8 pouces (0,867 mètre) de profondeur.

ARTICLE III.

Disposition de l'Atelier pour le Garançage et l'Avivage.

Lorsque les cotons sont séchés après leur alunage, on les lave avec beaucoup de soin; et, dès qu'ils sont secs, on procède à leur garançage.

L'atelier du garançage doit être disposé de manière que l'eau puisse couler, par sa pente naturelle, dans toutes les chaudières, et y arriver, en assez grande quantité, pour que la chaudière soit remplie en très-peu de temps.

Cet atelier doit être très-aéré, pour éviter le séjour des vapeurs incommodes, qui s'élèvent de la chaudière, incommodent les ouvriers et ne permettent pas de juger de l'état du coton.

Lorsqu'on peut établir une large communication entre le lavoir et l'atelier du garançage, on se donne par-là une grande facilité pour le transport du coton, l'issue des vapeurs et la surveillance des travaux.

L'étendue de cet atelier, et le nombre des chaudières qu'on doit y établir, dépendent de la quantité de coton qu'on se propose d'avoir à-la-fois en teinture. On pourra déterminer aisément les dimensions de l'atelier et le nombre des chaudières, lorsqu'on saura qu'on peut garancer 70 livres de coton (35 kilogrammes) dans une chaudière de 7 pieds 6 pouces (2,274 mètres) de longueur, sur 3 pieds 9 pouces (1,118 mètre) de largeur, et un pied 6 pouces (0,487 mètre) de profondeur; et qu'on peut faire cinq à six garançages, par jour, dans la même chaudière.

Les chaudières d'avivage doivent donc être établies à côté des chaudières de garançage; et il en faut deux pour chacune de ces dernières, si l'on veut qu'il n'y ait jamais d'interruption dans les travaux.

Au-dehors de la salle, sous un hangar, on place des cuviers pour lessiver les soudes, et former les lessives nécessaires aux apprêts.

J'ai vu, dans plusieurs fabriques du Nord, des chaudières d'avivage qui ne diffèrent des chaudières rondes que par le couvercle, dont on se sert pour les recouvrir et pour empêcher que le coton ne soit poussé au-dehors par les efforts de l'ébullition.

Je crois la forme des chaudières ovales préférable, parce que le coton y est mieux baigné dans le liquide; parce que la chaleur y est plus concentrée, et parce qu'elle présente une plus grande résistance à l'effort des vapeurs.

Non loin des chaudières d'avivage doivent être placés les cuviers nécessaires pour préparer les lessives de soude employées à cette opération.

Avant que la construction des fourneaux eût reçu les perfectionnemens qu'on lui a donnés de nos jours, on se bornoit à établir une chaudière sur quatre murs, de manière que le foyer en occupât toute la largeur et longueur, à l'exception d'environ 3 à 4 pouces (un décimètre) de chaque côté, par lesquels la chaudière reposoit sur les murs: une porte pratiquée au milieu d'un des murs des extrémités, facilitoit le service du combustible et

donnoit entrée à l'air; la cheminée étoit construite vis-à-vis et à l'autre extrémité.

Le progrès des lumières, et le besoin d'économiser le temps et le combustible, ont du apporter des changemens dans la construction des fourneaux dont nous allons nous occuper.

Une construction de fourneau ne peut être réputée bonne, qu'autant que la chaleur s'applique également sur tous les points de la surface du vase évaporatoire, et que toute celle qui se développe par la combustion est mise à profit.

On peut donc déclarer qu'il existe des imperfections:

2°. Toutes les fois qu'on voit fumer la cheminée: car cette fumée, toute composée de corps combustibles entrainés par le courant, annonce qu'ils ont échappé à la combustion.

3°. Toutes les fois qu'on sent l'impression d'une chaleur vive dans le courant d'air qui sort par la cheminée.

En apportant quelques changemens dans chacune des parties qui composent un fourneau d'évaporation, on est parvenu à approcher de bien près de la perfection.

Lorsqu'on emploie le charbon, et que, par conséquent, il faut pratiquer un cendrier, on a soin de le rendre profond, tant pour éviter que le menu charbon qui tombe embrasé ne dilate l'air qui aborde, que pour le mettre à l'abri des courans d'air extérieurs qui, variant sans cesse de force et de direction, rendent la combustion inégale.

La chaleur qui s'élève d'un foyer exerce son maximum d'action à une hauteur qu'il faut connoître, mais qui varie d'après les causes que nous venons d'indiquer. En général, le combustible qui développe beaucoup de flamme, exige une hauteur plus élevée; le charbon de terre épuré et le charbon de bois en demandent une plus basse. Mais c'est toujours entre ces deux extrêmes qu'il faut prendre l'élévation convenable.

Quelquefois, au fond du foyer, vis-à-vis la porte, sont pratiquées deux ouvertures qui forment la naissance des cheminées tournantes, et qui viennent se réunir au-dessus de la porte du foyer en un seul tuyau, par lequel le courant d'air qui a servi à alimenter le feu, s'échappe dans l'atmosphère. Dans ce cas, la cheminée perpendiculaire est au-dessus de la porte du foyer.

Mais plus souvent le courant ne sort du foyer que par une ouverture; alors la cheminée tournante se termine dans la cheminée perpendiculaire, à l'extrémité opposée à celle du foyer et du cendrier.

Lorsque les chaudières sont très-grandes, et qu'il est difficile, sans employer une énorme quantité de combustible, d'en échauffer la base, on y pratique encore des cheminées tournantes, qui vont s'ouvrir dans celles qui règnent tout autour.

Les murs qui séparent les courans de la cheminée au-dessous de la

chaudière, doivent être peu épais; leur largeur sera à-peu-près celle d'une brique.

Au moment de placer la chaudière, on doit recouvrir la surface supérieure de ces cloisons d'une couche de lut, fait avec le crottin de cheval et l'argile pétris ensemble, pour que la chaudière touche par tous les points et que la flamme ou le courant d'air qui sort du foyer, soit forcé de parcourir toute l'étendue de la cheminée.

ARTICLE IV.

Des Dispositions qu'il faut donner au Lavoir.

Nous avons beaucoup parlé du lavoir, sans en déterminer la position: mais l'on a déjà senti que le lavage du coton terminant chaque opération, le lavoir doit être, pour ainsi dire, au centre de l'atelier et à côté de l'étendage.

L'eau du lavoir doit être courante sans être trop rapide; et le volume doit en être tel, que plusieurs ouvriers puissent s'y placer, à-la-fois, sans être gênés dans leurs mouvemens.

Pour approprier un lavoir à ses usages, il faut commencer par en paver le sol; par ce moyen, on y maintient plus de propreté, attendu que le coton ne se mêle pas au limon ou à la terre qui en recouvre le fond, et que d'ailleurs il ne s'accroche plus aux objets raboteux qui pourroient s'y trouver.

On élève, sur chaque côté et à un pied (0,325 mètre) au-dessus du niveau de l'eau, un petit mur de 3 pieds (0,975 mètre) de largeur. La surface doit en être bien polie. On peut employer, à cet usage, de belles dalles ou de larges plateaux de bois qui remplacent les murs de maçonnerie.

Il est prudent, sur-tout lorsque le lavoir est établi sur un courant d'eau rapide, de placer un grillage à l'extrémité, afin d'arrêter le coton qui peut être entraîné.

J'ai vu des fabriques où le lavoir étoit établi sur des eaux stagnantes: mais, dans ce cas, le coton se nettoie mal, et la couleur n'a jamais l'éclat desirable.

ARTICLE V.

Des Dispositions à donner à l'Étendage.

La position, l'étendue et l'exposition de l'étendage influent singulièrement sur le sort d'un établissement de teinture: car, comme dans chacune des nombreuses opérations qu'on fait subir au coton, on est obligé de le sécher après chaque opération avant de passer à une autre, il faut que l'étendage soit à portée de l'atelier, et que sa disposition, sous le rapport de l'étendue et de l'exposition, présente tous les avantages convenables pour sécher promptement, et d'une manière égale, la quantité de coton qu'on mène de

front dans l'atelier.

Nous devons donc nous occuper essentiellement des dispositions qu'il convient de donner à un étendage en plein air. On pourra facilement en déduire des conséquences pour les dispositions d'un étendage couvert, en observant, toutefois, que, dans ce dernier, les cotons ne peuvent être que beaucoup plus serrés, par rapport à la cherté des constructions et à la dépense du combustible.

Le sol qu'on destine à former un étendage, ne doit être ni humide, ni entouré de bois: dans l'un et l'autre cas, la dessiccation y seroit longue et pénible.

Lorsqu'on a fait choix du local, on le dispose de la manière suivante: on commence d'abord par en aplanir le terrain, et arracher toutes les herbes, les arbres et arbustes. On foule le sol de manière à s'assurer que la végétation ne puisse pas s'y rétablir. On trace ensuite des lignes parallèles entr'elles et à la distance de 10 pieds 6 pouces (3 mètres) l'une de l'autre. On les dirige du sud à l'est. Après avoir tracé les lignes, on plante des piquets sur toute leur longueur, à la distance de 6 pieds (2 mètres) l'un de l'autre. Ces piquets doivent être très-droits, d'une surface bien unie, d'une grosseur d'environ 4 pouces (0,108 mètre) de diamètre: ils doivent s'élever au-dessus du sol de 3 pieds 8 pouces (1,192 mètre), et le pied doit être assujéti dans une bonne maçonnerie, ou scellé dans un dé de pierre.

On fixe des soliveaux parallèles au sol sur le sommet de ces piquets; ces soliveaux, dont l'épaisseur est d'environ 4 pouces en carré (environ un décimètre), règnent dans toute la longueur de l'étendage, et sont destinés à supporter des barres mobiles dans lesquelles on passe les mateaux de coton qu'on destine à sécher.

Les barres dont nous venons de parler, doivent être d'un bois très-léger; elles doivent avoir des surfaces très-lisses, et environ 12 pieds (environ 4 mètres) de longueur.

Chacune de ces barres peut recevoir 4 livres de coton (2 kilogrammes); de sorte que, pour opérer à-la-fois, dans l'atelier, sur 5,000 livres (250 myriagrammes), il en faut 1,200.

Il est nécessaire de pratiquer deux ou trois allées dans l'étendage, pour pouvoir communiquer dans les rangs, et se porter sur tous les points, sans être forcé d'entrer par l'une ou l'autre des extrémités.

Nous avons essayé de présenter, dans la fig. 1, pl. 3, une disposition d'atelier de teinture que nous croyons réunir les principaux avantages dont nous avons parlé.

DES DISPOSITIONS QU'ON DOIT DONNER À L'ATELIER POUR Y ÉTABLIR LES SALLES DES MORDANS ET DES APPRÊTS,

CHAPITRE II

Des Moyens de disposer le Local pour le rendre propre aux opérations de la Teinture.

L'arrangement des diverses parties d'un atelier doit être tel que toutes les opérations se servent et se correspondent; que les transports y soient aisés; que l'ouvrier trouve, sous sa main, les objets dont il a besoin; que chaque opération s'exécute dans un lieu qui lui soit destiné. Ce n'est que par ce moyen, qu'on évitera la confusion dans les manoeuvres, qu'on portera une surveillance aisée sur toutes les opérations, et qu'on maintiendra chaque ouvrier dans une activité convenable.

ARTICLE PREMIER.

Des dispositions qu'on doit faire pour établir les Magasins.

Lorsqu'on veut approprier un local, pour y former un atelier de teinture, il faut s'occuper, en premier lieu, de donner aux magasins une assez grande étendue, pour qu'on puisse y placer commodément la garance, la noix de galle, le sumach, l'huile, le savon et la soude.

La garance doit être déposée et conservée dans un magasin très-bien aéré, et qui soit à portée de l'usine où doit s'en faire le broiement. Comme la garance présente un grand volume, et qu'on en consomme une grande quantité dans une teinture en coton, il est convenable de consacrer un magasin pour elle seule.

La soude exige un local particulier.

L'huile et le savon peuvent être renfermés dans le même lieu.

La garance, le sumach, la noix de galle et la soude ne s'emploient qu'en poudre, ce qui suppose une mécanique quelconque pour écraser et broyer ces matières.

On connoît deux moyens, dans les fabriques, pour broyer ou pulvériser ces substances: la meule et le bocard. La meule a l'inconvénient d'exiger un plus fort degré de siccité dans la garance: le bocard occasionne une plus grande volatilisation, et conséquemment une plus grande perte.

Ces deux mécanismes sont mis en jeu par l'eau ou par la force d'un cheval: le premier moteur est plus économique et plus égal; le second a l'avantage de pouvoir être établi par-tout, et, par conséquent, de pouvoir être placé dans le lieu le plus convenable de l'atelier.

Comme la garance est assez généralement recouverte d'une croûte terreuse dont il faut la débarrasser, et que sa première enveloppe ne fournit qu'une mauvaise couleur, on est dans l'usage de sécher la garance au soleil ou dans des étuves, pour en détacher plus facilement le principe terreux et cette pellicule: cette première opération s'exécute en frappant sur la garance avec un bâton très-souple et en l'agitant avec une fourche.

Ce mélange d'un peu de terre, de l'épiderme et de quelques brindilles ou radicules, n'a besoin que d'être criblé pour que la terre s'en sépare, et il en résulte une garance de mauvaise qualité, qu'on appelle, dans le commerce, garance de billon, et qu'on n'emploie dans la teinture que pour des couleurs obscures ou bleuâtres.

On sépare celle-ci à l'aide du crible ou du blutoir, et on reporte, sous la meule ou le bocard, la portion ligneuse qui est restée entière, pour obtenir une troisième qualité de garance, qu'on appelle garance robée.

On trouve ces trois qualités de garance dans le commerce: la plus estimée de toutes est la troisième: mais, dans les teintures en coton, après avoir séparé avec soin la terre et l'épiderme, on broie tout le corps de la racine pour ne former qu'une qualité.

ARTICLE II.

Des dispositions qu'on doit donner à l'Atelier pour y établir les Salles des mordans et des apprêts.

Pour disposer convenablement cette partie de l'atelier, dans laquelle s'exécutent les principales opérations de la teinture, il faut savoir que les cotons sont imprégnés, pendant plusieurs jours de suite, d'une liqueur savonneuse; qu'après cela on les engalle et on les alune; qu'ensuite on les garance et qu'on termine l'opération par l'avivage.

Les dispositions intérieures qui m'ont paru les plus avantageuses sont les suivantes:

La salle, dans laquelle on passe le coton aux huiles, doit présenter la forme d'un carré oblong: les portes doivent s'ouvrir dans l'étendage pour faciliter le transport des cotons; elles doivent être larges, pour que le passage soit facile, et que, dans les divers transports, le coton ne s'y accroche pas.

On place deux terrines entre deux jarres, de manière que chaque jarre ait deux terrines à droite et deux à gauche.

On doit observer que les terrines soient placées à un pied (0,325 mètre) de distance l'une de l'autre: les jarres peuvent être un peu plus rapprochées des terrines.

En supposant que chaque partie de coton pèse 200 livres (100 kilogrammes), la jarre doit avoir assez de capacité pour contenir 250 livres (125 kilogrammes) d'eau.

La forme des terrines doit être conique: l'intérieur sera vernissé et le fond se terminera en oeuf. Cette forme paroît être la plus avantageuse, pour fouler le coton et rendre la pression bien égale. Voyez fig. 1, pl 1.

À un pied (0,325 mètre) au-dessus du massif de maçonnerie dans lequel sont engagées les jarres et les terrines, on fixe contre le mur, et parallèlement au sol, un liteau de bois, large de 6 pouces (0,162 mètre) et épais de 2 (0,054 mètre), on le fait régner sur tous les côtés où les jarres sont établies.

On place dans la salle, deux ou trois tables, de deux pieds (0,650 mètre) de haut, sur 3 (un mètre) de large. Ces tables servent à recevoir les cotons, à mesure qu'on les travaille.

La figure 5, pl. 1, donnera une idée de la disposition de l'intérieur d'une salle aux apprêts.

Dans le Midi de la France, les lessives se préparent encore dans de grandes jarres, qu'on ensevelit dans la terre, et partie dans la maçonnerie, presque jusqu'au bord de leur orifice; mais ce moyen de lessiver les soudes est très-imparfait, et je préfère celui qui est usité dans le Nord.

Comme les opérations de l'engallage et de l'alunage succèdent à celles dont nous venons de nous occuper, il convient de placer l'atelier, dans lequel s'exécutent ces opérations, à côté du dernier.

Ces chaudières doivent être rondes, et établies de manière que le feu soit servi en dehors de l'atelier, pour que la fumée ou la flamme n'incommode point les ouvriers: elles peuvent avoir les dimensions suivantes: 2 pieds 6 pouces (0,812 mètre) de largeur, sur 2 pieds 8 pouces (0,867 mètre) de profondeur, en supposant qu'on opère sur 200 livres (100 kilogrammes) de coton; mais, comme on passe souvent à l'engallage et à l'alunage, deux parties de coton, à-la-fois, on peut donner aux chaudières 3 pieds 4 pouces (1,083 mètre) de diamètre, sur 2 pieds 8 pouces (0,867 mètre) de profondeur.

ARTICLE III.

Disposition de l'Atelier pour le Garançage et l'Avivage.

Lorsque les cotons sont séchés après leur alunage, on les lave avec beaucoup de soin; et, dès qu'ils sont secs, on procède à leur garançage.

L'atelier du garançage doit être disposé de manière que l'eau puisse couler, par sa pente naturelle, dans toutes les chaudières, et y arriver, en assez grande quantité, pour que la chaudière soit remplie en très-peu de temps.

Cet atelier doit être très-aéré, pour éviter le séjour des vapeurs incommodes, qui s'élèvent de la chaudière, incommodent les ouvriers et ne permettent pas de juger de l'état du coton.

Lorsqu'on peut établir une large communication entre le lavoir et l'atelier du garançage, on se donne par-là une grande facilité pour le transport du coton, l'issue des vapeurs et la surveillance des travaux.

L'étendue de cet atelier, et le nombre des chaudières qu'on doit y établir, dépendent de la quantité de coton qu'on se propose d'avoir à-la-fois en teinture. On pourra déterminer aisément les dimensions de l'atelier et le nombre des chaudières, lorsqu'on saura qu'on peut garancer 70 livres de coton (35 kilogrammes) dans une chaudière de 7 pieds 6 pouces (2,274 mètres) de longueur, sur 3 pieds 9 pouces (1,118 mètre) de largeur, et un pied 6 pouces (0,487 mètre) de profondeur; et qu'on peut faire cinq à six garançages, par jour, dans la même chaudière.

Les chaudières d'avivage doivent donc être établies à côté des chaudières de garançage; et il en faut deux pour chacune de ces dernières, si l'on veut qu'il n'y ait jamais d'interruption dans les travaux.

Au-dehors de la salle, sous un hangar, on place des cuviers pour lessiver les soudes, et former les lessives nécessaires aux apprêts.

J'ai vu, dans plusieurs fabriques du Nord, des chaudières d'avivage qui ne diffèrent des chaudières rondes que par le couvercle, dont on se sert pour les recouvrir et pour empêcher que le coton ne soit poussé au-dehors par les efforts de l'ébullition.

Je crois la forme des chaudières ovales préférable, parce que le coton y est mieux baigné dans le liquide; parce que la chaleur y est plus concentrée, et parce qu'elle présente une plus grande résistance à l'effort des vapeurs.

Non loin des chaudières d'avivage doivent être placés les cuviers nécessaires pour préparer les lessives de soude employées à cette opération.

Avant que la construction des fourneaux eût reçu les perfectionnemens qu'on lui a donnés de nos jours, on se bornoit à établir une chaudière sur quatre murs, de manière que le foyer en occupât toute la largeur et longueur, à l'exception d'environ 3 à 4 pouces (un décimètre) de chaque côté, par lesquels la chaudière reposoit sur les murs: une porte pratiquée au milieu d'un des murs des extrémités, facilitoit le service du combustible et donnoit entrée à l'air; la cheminée étoit construite vis-à-vis et à l'autre extrémité.

Le progrès des lumières, et le besoin d'économiser le temps et le combustible, ont du apporter des changemens dans la construction des fourneaux dont nous allons nous occuper.

Une construction de fourneau ne peut être réputée bonne, qu'autant que la chaleur s'applique également sur tous les points de la surface du vase évaporatoire, et que toute celle qui se développe par la combustion est mise à profit.

On peut donc déclarer qu'il existe des imperfections:

2°. Toutes les fois qu'on voit fumer la cheminée: car cette fumée, toute composée de corps combustibles entrainés par le courant, annonce qu'ils ont échappé à la combustion.

3°. Toutes les fois qu'on sent l'impression d'une chaleur vive dans le courant d'air qui sort par la cheminée.

En apportant quelques changemens dans chacune des parties qui composent un fourneau d'évaporation, on est parvenu à approcher de bien près de la perfection.

Lorsqu'on emploie le charbon, et que, par conséquent, il faut pratiquer un cendrier, on a soin de le rendre profond, tant pour éviter que le menu charbon qui tombe embrasé ne dilate l'air qui aborde, que pour le mettre à l'abri des courans d'air extérieurs qui, variant sans cesse de force et de direction, rendent la combustion inégale.

La chaleur qui s'élève d'un foyer exerce son maximum d'action à une hauteur qu'il faut connoître, mais qui varie d'après les causes que nous venons d'indiquer. En général, le combustible qui développe beaucoup de flamme, exige une hauteur plus élevée; le charbon de terre épuré et le charbon de bois en demandent une plus basse. Mais c'est toujours entre ces deux extrêmes qu'il faut prendre l'élévation convenable.

Quelquefois, au fond du foyer, vis-à-vis la porte, sont pratiquées deux ouvertures qui forment la naissance des cheminées tournantes, et qui viennent se réunir au-dessus de la porte du foyer en un seul tuyau, par lequel le courant d'air qui a servi à alimenter le feu, s'échappe dans l'atmosphère. Dans ce cas, la cheminée perpendiculaire est au-dessus de la porte du foyer.

Mais plus souvent le courant ne sort du foyer que par une ouverture; alors la cheminée tournante se termine dans la cheminée perpendiculaire, à l'extrémité opposée à celle du foyer et du cendrier.

Lorsque les chaudières sont très-grandes, et qu'il est difficile, sans employer une énorme quantité de combustible, d'en échauffer la base, on y pratique encore des cheminées tournantes, qui vont s'ouvrir dans celles qui règnent tout autour.

Les murs qui séparent les courans de la cheminée au-dessous de la chaudière, doivent être peu épais; leur largeur sera à-peu-près celle d'une brique.

Au moment de placer la chaudière, on doit recouvrir la surface supérieure de ces cloisons d'une couche de lut, fait avec le crottin de cheval et l'argile pétris ensemble, pour que la chaudière touche par tous les points et que la flamme ou le courant d'air qui sort du foyer, soit forcé de parcourir toute l'étendue de la cheminée.

ARTICLE IV.

Des Dispositions qu'il faut donner au Lavoir.

Nous avons beaucoup parlé du lavoir, sans en déterminer la position: mais l'on a déjà senti que le lavage du coton terminant chaque opération, le lavoir doit être, pour ainsi dire, au centre de l'atelier et à côté de l'étendage.

L'eau du lavoir doit être courante sans être trop rapide; et le volume doit en être tel, que plusieurs ouvriers puissent s'y placer, à-la-fois, sans être gênés dans leurs mouvemens.

Pour approprier un lavoir à ses usages, il faut commencer par en paver le sol; par ce moyen, on y maintient plus de propreté, attendu que le coton ne se mêle pas au limon ou à la terre qui en recouvre le fond, et que d'ailleurs il ne s'accroche plus aux objets raboteux qui pourroient s'y trouver.

On élève, sur chaque côté et à un pied (0,325 mètre) au-dessus du niveau de l'eau, un petit mur de 3 pieds (0,975 mètre) de largeur. La surface doit en être bien polie. On peut employer, à cet usage, de belles dalles ou de larges plateaux de bois qui remplacent les murs de maçonnerie.

Il est prudent, sur-tout lorsque le lavoir est établi sur un courant d'eau rapide, de placer un grillage à l'extrémité, afin d'arrêter le coton qui peut être entraîné.

J'ai vu des fabriques où le lavoir étoit établi sur des eaux stagnantes: mais, dans ce cas, le coton se nettoie mal, et la couleur n'a jamais l'éclat desirable.

ARTICLE V.

Des Dispositions à donner à l'Étendage.

La position, l'étendue et l'exposition de l'étendage influent singulièrement sur le sort d'un établissement de teinture: car, comme dans chacune des nombreuses opérations qu'on fait subir au coton, on est obligé de le sécher après chaque opération avant de passer à une autre, il faut que l'étendage soit à portée de l'atelier, et que sa disposition, sous le rapport de l'étendue et de l'exposition, présente tous les avantages convenables pour sécher promptement, et d'une manière égale, la quantité de coton qu'on mène de front dans l'atelier.

Nous devons donc nous occuper essentiellement des dispositions qu'il convient de donner à un étendage en plein air. On pourra facilement en déduire des conséquences pour les dispositions d'un étendage couvert, en observant, toutefois, que, dans ce dernier, les cotons ne peuvent être que beaucoup plus serrés, par rapport à la cherté des constructions et à la dépense du combustible.

Le sol qu'on destine à former un étendage, ne doit être ni humide, ni entouré de bois: dans l'un et l'autre cas, la dessiccation y seroit longue et pénible.

Lorsqu'on a fait choix du local, on le dispose de la manière suivante: on commence d'abord par en aplanir le terrain, et arracher toutes les herbes, les arbres et arbustes. On foule le sol de manière à s'assurer que la végétation ne puisse pas s'y rétablir. On trace ensuite des lignes parallèles entr'elles et à la distance de 10 pieds 6 pouces (3 mètres) l'une de l'autre. On les dirige du sud à l'est. Après avoir tracé les lignes, on plante des piquets sur toute leur longueur, à la distance de 6 pieds (2 mètres) l'un de l'autre. Ces piquets doivent être très-droits, d'une surface bien unie, d'une grosseur d'environ 4 pouces (0,108 mètre) de diamètre: ils doivent s'élever au-dessus du sol de 3 pieds 8 pouces (1,192 mètre), et le pied doit être assujéti dans une bonne maçonnerie, ou scellé dans un dé de pierre.

On fixe des soliveaux parallèles au sol sur le sommet de ces piquets; ces soliveaux, dont l'épaisseur est d'environ 4 pouces en carré (environ un décimètre), règnent dans toute la longueur de l'étendage, et sont destinés à supporter des barres mobiles dans lesquelles on passe les mateaux de coton qu'on destine à sécher.

Les barres dont nous venons de parler, doivent être d'un bois très-léger; elles doivent avoir des surfaces très-lisses, et environ 12 pieds (environ 4 mètres) de longueur.

Chacune de ces barres peut recevoir 4 livres de coton (2 kilogrammes); de sorte que, pour opérer à-la-fois, dans l'atelier, sur 5,000 livres (250 myriagrammes), il en faut 1,200.

Il est nécessaire de pratiquer deux ou trois allées dans l'étendage, pour pouvoir communiquer dans les rangs, et se porter sur tous les points, sans être forcé d'entrer par l'une ou l'autre des extrémités.

Nous avons essayé de présenter, dans la fig. 1, pl. 3, une disposition d'atelier de teinture que nous croyons réunir les principaux avantages dont nous avons parlé.

DISPOSITION DE L'ATELIER POUR LE GARANÇAGE ET L'AVIVAGE,

CHAPITRE II

Des Moyens de disposer le Local pour le rendre propre aux opérations de la Teinture.

L'arrangement des diverses parties d'un atelier doit être tel que toutes les opérations se servent et se correspondent; que les transports y soient aisés; que l'ouvrier trouve, sous sa main, les objets dont il a besoin; que chaque opération s'exécute dans un lieu qui lui soit destiné. Ce n'est que par ce moyen, qu'on évitera la confusion dans les manoeuvres, qu'on portera une surveillance aisée sur toutes les opérations, et qu'on maintiendra chaque ouvrier dans une activité convenable.

ARTICLE PREMIER.

Des dispositions qu'on doit faire pour établir les Magasins.

Lorsqu'on veut approprier un local, pour y former un atelier de teinture, il faut s'occuper, en premier lieu, de donner aux magasins une assez grande étendue, pour qu'on puisse y placer commodément la garance, la noix de galle, le sumach, l'huile, le savon et la soude.

La garance doit être déposée et conservée dans un magasin très-bien aéré, et qui soit à portée de l'usine où doit s'en faire le broiement. Comme la garance présente un grand volume, et qu'on en consomme une grande quantité dans une teinture en coton, il est convenable de consacrer un magasin pour elle seule.

La soude exige un local particulier.

L'huile et le savon peuvent être renfermés dans le même lieu.

La garance, le sumach, la noix de galle et la soude ne s'emploient qu'en poudre, ce qui suppose une mécanique quelconque pour écraser et broyer ces matières.

On connoît deux moyens, dans les fabriques, pour broyer ou pulvériser ces substances: la meule et le bocard. La meule a l'inconvénient d'exiger un plus fort degré de siccité dans la garance: le bocard occasionne une plus grande volatilisation, et conséquemment une plus grande perte.

Ces deux mécanismes sont mis en jeu par l'eau ou par la force d'un cheval: le premier moteur est plus économique et plus égal; le second a l'avantage de pouvoir être établi par-tout, et, par conséquent, de pouvoir être placé dans le lieu le plus convenable de l'atelier.

Comme la garance est assez généralement recouverte d'une croûte terreuse dont il faut la débarrasser, et que sa première enveloppe ne fournit qu'une mauvaise couleur, on est dans l'usage de sécher la garance au soleil ou dans des étuves, pour en détacher plus facilement le principe terreux et cette pellicule: cette première opération s'exécute en frappant sur la garance avec un bâton très-souple et en l'agitant avec une fourche.

Ce mélange d'un peu de terre, de l'épiderme et de quelques brindilles ou radicules, n'a besoin que d'être criblé pour que la terre s'en sépare, et il en résulte une garance de mauvaise qualité, qu'on appelle, dans le commerce, garance de billon, et qu'on n'emploie dans la teinture que pour des couleurs obscures ou bleuâtres.

On sépare celle-ci à l'aide du crible ou du blutoir, et on reporte, sous la meule ou le bocard, la portion ligneuse qui est restée entière, pour obtenir une troisième qualité de garance, qu'on appelle garance robée.

On trouve ces trois qualités de garance dans le commerce: la plus estimée de toutes est la troisième: mais, dans les teintures en coton, après avoir séparé avec soin la terre et l'épiderme, on broie tout le corps de la racine pour ne former qu'une qualité.

ARTICLE II.

Des dispositions qu'on doit donner à l'Atelier pour y établir les Salles des mordans et des apprêts.

Pour disposer convenablement cette partie de l'atelier, dans laquelle s'exécutent les principales opérations de la teinture, il faut savoir que les cotons sont imprégnés, pendant plusieurs jours de suite, d'une liqueur savonneuse; qu'après cela on les engalle et on les alune; qu'ensuite on les garance et qu'on termine l'opération par l'avivage.

Les dispositions intérieures qui m'ont paru les plus avantageuses sont les

suivantes:

La salle, dans laquelle on passe le coton aux huiles, doit présenter la forme d'un carré oblong: les portes doivent s'ouvrir dans l'étendage pour faciliter le transport des cotons; elles doivent être larges, pour que le passage soit facile, et que, dans les divers transports, le coton ne s'y accroche pas.

On place deux terrines entre deux jarres, de manière que chaque jarre ait deux terrines à droite et deux à gauche.

On doit observer que les terrines soient placées à un pied (0,325 mètre) de distance l'une de l'autre: les jarres peuvent être un peu plus rapprochées des terrines.

En supposant que chaque partie de coton pèse 200 livres (100 kilogrammes), la jarre doit avoir assez de capacité pour contenir 250 livres (125 kilogrammes) d'eau.

La forme des terrines doit être conique: l'intérieur sera vernissé et le fond se terminera en oeuf. Cette forme paroît être la plus avantageuse, pour fouler le coton et rendre la pression bien égale. Voyez fig. 1, pl 1.

À un pied (0,325 mètre) au-dessus du massif de maçonnerie dans lequel sont engagées les jarres et les terrines, on fixe contre le mur, et parallèlement au sol, un liteau de bois, large de 6 pouces (0,162 mètre) et épais de 2 (0,054 mètre), on le fait régner sur tous les côtés où les jarres sont établies.

On place dans la salle, deux ou trois tables, de deux pieds (0,650 mètre) de haut, sur 3 (un mètre) de large. Ces tables servent à recevoir les cotons, à mesure qu'on les travaille.

La figure 5, pl. 1, donnera une idée de la disposition de l'intérieur d'une salle aux apprêts.

Dans le Midi de la France, les lessives se préparent encore dans de grandes jarres, qu'on ensevelit dans la terre, et partie dans la maçonnerie, presque jusqu'au bord de leur orifice; mais ce moyen de lessiver les soudes est très-imparfait, et je préfère celui qui est usité dans le Nord.

Comme les opérations de l'engallage et de l'alunage succèdent à celles dont nous venons de nous occuper, il convient de placer l'atelier, dans lequel s'exécutent ces opérations, à côté du dernier.

Ces chaudières doivent être rondes, et établies de manière que le feu soit servi en dehors de l'atelier, pour que la fumée ou la flamme n'incommode point les ouvriers: elles peuvent avoir les dimensions suivantes: 2 pieds 6 pouces (0,812 mètre) de largeur, sur 2 pieds 8 pouces (0,867 mètre) de profondeur, en supposant qu'on opère sur 200 livres (100 kilogrammes) de coton; mais, comme on passe souvent à l'engallage et à l'alunage, deux parties de coton, à-la-fois, on peut donner aux chaudières 3 pieds 4 pouces (1,083 mètre) de diamètre, sur 2 pieds 8 pouces (0,867 mètre) de profondeur.

ARTICLE III.

Disposition de l'Atelier pour le Garançage et l'Avivage.

Lorsque les cotons sont séchés après leur alunage, on les lave avec beaucoup de soin; et, dès qu'ils sont secs, on procède à leur garançage.

L'atelier du garançage doit être disposé de manière que l'eau puisse couler, par sa pente naturelle, dans toutes les chaudières, et y arriver, en assez grande quantité, pour que la chaudière soit remplie en très-peu de temps.

Cet atelier doit être très-aéré, pour éviter le séjour des vapeurs incommodes, qui s'élèvent de la chaudière, incommodent les ouvriers et ne permettent pas de juger de l'état du coton.

Lorsqu'on peut établir une large communication entre le lavoir et l'atelier du garançage, on se donne par-là une grande facilité pour le transport du coton, l'issue des vapeurs et la surveillance des travaux.

L'étendue de cet atelier, et le nombre des chaudières qu'on doit y établir, dépendent de la quantité de coton qu'on se propose d'avoir à-la-fois en teinture. On pourra déterminer aisément les dimensions de l'atelier et le nombre des chaudières, lorsqu'on saura qu'on peut garancer 70 livres de coton (35 kilogrammes) dans une chaudière de 7 pieds 6 pouces (2,274 mètres) de longueur, sur 3 pieds 9 pouces (1,118 mètre) de largeur, et un pied 6 pouces (0,487 mètre) de profondeur; et qu'on peut faire cinq à six garançages, par jour, dans la même chaudière.

Les chaudières d'avivage doivent donc être établies à côté des chaudières de garançage; et il en faut deux pour chacune de ces dernières, si l'on veut qu'il n'y ait jamais d'interruption dans les travaux.

Au-dehors de la salle, sous un hangar, on place des cuviers pour lessiver les soudes, et former les lessives nécessaires aux apprêts.

J'ai vu, dans plusieurs fabriques du Nord, des chaudières d'avivage qui ne diffèrent des chaudières rondes que par le couvercle, dont on se sert pour les recouvrir et pour empêcher que le coton ne soit poussé au-dehors par les efforts de l'ébullition.

Je crois la forme des chaudières ovales préférable, parce que le coton y est mieux baigné dans le liquide; parce que la chaleur y est plus concentrée, et parce qu'elle présente une plus grande résistance à l'effort des vapeurs.

Non loin des chaudières d'avivage doivent être placés les cuviers nécessaires pour préparer les lessives de soude employées à cette opération.

Avant que la construction des fourneaux eût reçu les perfectionnemens qu'on lui a donnés de nos jours, on se bornoit à établir une chaudière sur quatre murs, de manière que le foyer en occupât toute la largeur et longueur, à l'exception d'environ 3 à 4 pouces (un décimètre) de chaque côté, par lesquels la chaudière reposoit sur les murs: une porte pratiquée au milieu d'un des murs des extrémités, facilitoit le service du combustible et

donnoit entrée à l'air; la cheminée étoit construite vis-à-vis et à l'autre extrémité.

Le progrès des lumières, et le besoin d'économiser le temps et le combustible, ont du apporter des changemens dans la construction des fourneaux dont nous allons nous occuper.

Une construction de fourneau ne peut être réputée bonne, qu'autant que la chaleur s'applique également sur tous les points de la surface du vase évaporatoire, et que toute celle qui se développe par la combustion est mise à profit.

On peut donc déclarer qu'il existe des imperfections:

2°. Toutes les fois qu'on voit fumer la cheminée: car cette fumée, toute composée de corps combustibles entrainés par le courant, annonce qu'ils ont échappé à la combustion.

3°. Toutes les fois qu'on sent l'impression d'une chaleur vive dans le courant d'air qui sort par la cheminée.

En apportant quelques changemens dans chacune des parties qui composent un fourneau d'évaporation, on est parvenu à approcher de bien près de la perfection.

Lorsqu'on emploie le charbon, et que, par conséquent, il faut pratiquer un cendrier, on a soin de le rendre profond, tant pour éviter que le menu charbon qui tombe embrasé ne dilate l'air qui aborde, que pour le mettre à l'abri des courans d'air extérieurs qui, variant sans cesse de force et de direction, rendent la combustion inégale.

La chaleur qui s'élève d'un foyer exerce son maximum d'action à une hauteur qu'il faut connoître, mais qui varie d'après les causes que nous venons d'indiquer. En général, le combustible qui développe beaucoup de flamme, exige une hauteur plus élevée; le charbon de terre épuré et le charbon de bois en demandent une plus basse. Mais c'est toujours entre ces deux extrêmes qu'il faut prendre l'élévation convenable.

Quelquefois, au fond du foyer, vis-à-vis la porte, sont pratiquées deux ouvertures qui forment la naissance des cheminées tournantes, et qui viennent se réunir au-dessus de la porte du foyer en un seul tuyau, par lequel le courant d'air qui a servi à alimenter le feu, s'échappe dans l'atmosphère. Dans ce cas, la cheminée perpendiculaire est au-dessus de la porte du foyer.

Mais plus souvent le courant ne sort du foyer que par une ouverture; alors la cheminée tournante se termine dans la cheminée perpendiculaire, à l'extrémité opposée à celle du foyer et du cendrier.

Lorsque les chaudières sont très-grandes, et qu'il est difficile, sans employer une énorme quantité de combustible, d'en échauffer la base, on y pratique encore des cheminées tournantes, qui vont s'ouvrir dans celles qui règnent tout autour.

Les murs qui séparent les courans de la cheminée au-dessous de la

chaudière, doivent être peu épais; leur largeur sera à-peu-près celle d'une brique.

Au moment de placer la chaudière, on doit recouvrir la surface supérieure de ces cloisons d'une couche de lut, fait avec le crottin de cheval et l'argile pétris ensemble, pour que la chaudière touche par tous les points et que la flamme ou le courant d'air qui sort du foyer, soit forcé de parcourir toute l'étendue de la cheminée.

ARTICLE IV.

Des Dispositions qu'il faut donner au Lavoir.

Nous avons beaucoup parlé du lavoir, sans en déterminer la position: mais l'on a déjà senti que le lavage du coton terminant chaque opération, le lavoir doit être, pour ainsi dire, au centre de l'atelier et à côté de l'étendage.

L'eau du lavoir doit être courante sans être trop rapide; et le volume doit en être tel, que plusieurs ouvriers puissent s'y placer, à-la-fois, sans être gênés dans leurs mouvemens.

Pour approprier un lavoir à ses usages, il faut commencer par en paver le sol; par ce moyen, on y maintient plus de propreté, attendu que le coton ne se mêle pas au limon ou à la terre qui en recouvre le fond, et que d'ailleurs il ne s'accroche plus aux objets raboteux qui pourroient s'y trouver.

On élève, sur chaque côté et à un pied (0,325 mètre) au-dessus du niveau de l'eau, un petit mur de 3 pieds (0,975 mètre) de largeur. La surface doit en être bien polie. On peut employer, à cet usage, de belles dalles ou de larges plateaux de bois qui remplacent les murs de maçonnerie.

Il est prudent, sur-tout lorsque le lavoir est établi sur un courant d'eau rapide, de placer un grillage à l'extrémité, afin d'arrêter le coton qui peut être entraîné.

J'ai vu des fabriques où le lavoir étoit établi sur des eaux stagnantes: mais, dans ce cas, le coton se nettoie mal, et la couleur n'a jamais l'éclat desirable.

ARTICLE V.

Des Dispositions à donner à l'Étendage.

La position, l'étendue et l'exposition de l'étendage influent singulièrement sur le sort d'un établissement de teinture: car, comme dans chacune des nombreuses opérations qu'on fait subir au coton, on est obligé de le sécher après chaque opération avant de passer à une autre, il faut que l'étendage soit à portée de l'atelier, et que sa disposition, sous le rapport de l'étendue et de l'exposition, présente tous les avantages convenables pour sécher promptement, et d'une manière égale, la quantité de coton qu'on mène de

front dans l'atelier.

Nous devons donc nous occuper essentiellement des dispositions qu'il convient de donner à un étendage en plein air. On pourra facilement en déduire des conséquences pour les dispositions d'un étendage couvert, en observant, toutefois, que, dans ce dernier, les cotons ne peuvent être que beaucoup plus serrés, par rapport à la cherté des constructions et à la dépense du combustible.

Le sol qu'on destine à former un étendage, ne doit être ni humide, ni entouré de bois: dans l'un et l'autre cas, la dessiccation y seroit longue et pénible.

Lorsqu'on a fait choix du local, on le dispose de la manière suivante: on commence d'abord par en aplanir le terrain, et arracher toutes les herbes, les arbres et arbustes. On foule le sol de manière à s'assurer que la végétation ne puisse pas s'y rétablir. On trace ensuite des lignes parallèles entr'elles et à la distance de 10 pieds 6 pouces (3 mètres) l'une de l'autre. On les dirige du sud à l'est. Après avoir tracé les lignes, on plante des piquets sur toute leur longueur, à la distance de 6 pieds (2 mètres) l'un de l'autre. Ces piquets doivent être très-droits, d'une surface bien unie, d'une grosseur d'environ 4 pouces (0,108 mètre) de diamètre: ils doivent s'élever au-dessus du sol de 3 pieds 8 pouces (1,192 mètre), et le pied doit être assujéti dans une bonne maçonnerie, ou scellé dans un dé de pierre.

On fixe des soliveaux parallèles au sol sur le sommet de ces piquets; ces soliveaux, dont l'épaisseur est d'environ 4 pouces en carré (environ un décimètre), règnent dans toute la longueur de l'étendage, et sont destinés à supporter des barres mobiles dans lesquelles on passe les mateaux de coton qu'on destine à sécher.

Les barres dont nous venons de parler, doivent être d'un bois très-léger; elles doivent avoir des surfaces très-lisses, et environ 12 pieds (environ 4 mètres) de longueur.

Chacune de ces barres peut recevoir 4 livres de coton (2 kilogrammes); de sorte que, pour opérer à-la-fois, dans l'atelier, sur 5,000 livres (250 myriagrammes), il en faut 1,200.

Il est nécessaire de pratiquer deux ou trois allées dans l'étendage, pour pouvoir communiquer dans les rangs, et se porter sur tous les points, sans être forcé d'entrer par l'une ou l'autre des extrémités.

Nous avons essayé de présenter, dans la fig. 1, pl. 3, une disposition d'atelier de teinture que nous croyons réunir les principaux avantages dont nous avons parlé.

DES DISPOSITIONS QU'IL FAUT DONNER AU LAVOIR,

CHAPITRE II

Des Moyens de disposer le Local pour le rendre propre aux opérations de la Teinture.

L'arrangement des diverses parties d'un atelier doit être tel que toutes les opérations se servent et se correspondent; que les transports y soient aisés; que l'ouvrier trouve, sous sa main, les objets dont il a besoin; que chaque opération s'exécute dans un lieu qui lui soit destiné. Ce n'est que par ce moyen, qu'on évitera la confusion dans les manoeuvres, qu'on portera une surveillance aisée sur toutes les opérations, et qu'on maintiendra chaque ouvrier dans une activité convenable.

ARTICLE PREMIER.

Des dispositions qu'on doit faire pour établir les Magasins.

Lorsqu'on veut approprier un local, pour y former un atelier de teinture, il faut s'occuper, en premier lieu, de donner aux magasins une assez grande étendue, pour qu'on puisse y placer commodément la garance, la noix de galle, le sumach, l'huile, le savon et la soude.

La garance doit être déposée et conservée dans un magasin très-bien aéré, et qui soit à portée de l'usine où doit s'en faire le broiement. Comme la garance présente un grand volume, et qu'on en consomme une grande quantité dans une teinture en coton, il est convenable de consacrer un magasin pour elle seule.

La soude exige un local particulier.

L'huile et le savon peuvent être renfermés dans le même lieu.

La garance, le sumach, la noix de galle et la soude ne s'emploient qu'en poudre, ce qui suppose une mécanique quelconque pour écraser et broyer ces matières.

On connoît deux moyens, dans les fabriques, pour broyer ou pulvériser ces substances: la meule et le bocard. La meule a l'inconvénient d'exiger un plus fort degré de siccité dans la garance: le bocard occasionne une plus grande volatilisation, et conséquemment une plus grande perte.

Ces deux mécanismes sont mis en jeu par l'eau ou par la force d'un cheval: le premier moteur est plus économique et plus égal; le second a l'avantage de pouvoir être établi par-tout, et, par conséquent, de pouvoir être placé dans le lieu le plus convenable de l'atelier.

Comme la garance est assez généralement recouverte d'une croûte terreuse dont il faut la débarrasser, et que sa première enveloppe ne fournit qu'une mauvaise couleur, on est dans l'usage de sécher la garance au soleil ou dans des étuves, pour en détacher plus facilement le principe terreux et cette pellicule: cette première opération s'exécute en frappant sur la garance avec un bâton très-souple et en l'agitant avec une fourche.

Ce mélange d'un peu de terre, de l'épiderme et de quelques brindilles ou radicules, n'a besoin que d'être criblé pour que la terre s'en sépare, et il en résulte une garance de mauvaise qualité, qu'on appelle, dans le commerce, garance de billon, et qu'on n'emploie dans la teinture que pour des couleurs obscures ou bleuâtres.

On sépare celle-ci à l'aide du crible ou du blutoir, et on reporte, sous la meule ou le bocard, la portion ligneuse qui est restée entière, pour obtenir une troisième qualité de garance, qu'on appelle garance robée.

On trouve ces trois qualités de garance dans le commerce: la plus estimée de toutes est la troisième: mais, dans les teintures en coton, après avoir séparé avec soin la terre et l'épiderme, on broie tout le corps de la racine pour ne former qu'une qualité.

ARTICLE II.

Des dispositions qu'on doit donner à l'Atelier pour y établir les Salles des mordans et des apprêts.

Pour disposer convenablement cette partie de l'atelier, dans laquelle s'exécutent les principales opérations de la teinture, il faut savoir que les cotons sont imprégnés, pendant plusieurs jours de suite, d'une liqueur savonneuse; qu'après cela on les engalle et on les alune; qu'ensuite on les garance et qu'on termine l'opération par l'avivage.

Les dispositions intérieures qui m'ont paru les plus avantageuses sont les

suivantes:

La salle, dans laquelle on passe le coton aux huiles, doit présenter la forme d'un carré oblong: les portes doivent s'ouvrir dans l'étendage pour faciliter le transport des cotons; elles doivent être larges, pour que le passage soit facile, et que, dans les divers transports, le coton ne s'y accroche pas.

On place deux terrines entre deux jarres, de manière que chaque jarre ait deux terrines à droite et deux à gauche.

On doit observer que les terrines soient placées à un pied (0,325 mètre) de distance l'une de l'autre: les jarres peuvent être un peu plus rapprochées des terrines.

En supposant que chaque partie de coton pèse 200 livres (100 kilogrammes), la jarre doit avoir assez de capacité pour contenir 250 livres (125 kilogrammes) d'eau.

La forme des terrines doit être conique: l'intérieur sera vernissé et le fond se terminera en oeuf. Cette forme paroît être la plus avantageuse, pour fouler le coton et rendre la pression bien égale. Voyez fig. 1, pl 1.

À un pied (0,325 mètre) au-dessus du massif de maçonnerie dans lequel sont engagées les jarres et les terrines, on fixe contre le mur, et parallèlement au sol, un liteau de bois, large de 6 pouces (0,162 mètre) et épais de 2 (0,054 mètre), on le fait régner sur tous les côtés où les jarres sont établies.

On place dans la salle, deux ou trois tables, de deux pieds (0,650 mètre) de haut, sur 3 (un mètre) de large. Ces tables servent à recevoir les cotons, à mesure qu'on les travaille.

La figure 5, pl. 1, donnera une idée de la disposition de l'intérieur d'une salle aux apprêts.

Dans le Midi de la France, les lessives se préparent encore dans de grandes jarres, qu'on ensevelit dans la terre, et partie dans la maçonnerie, presque jusqu'au bord de leur orifice; mais ce moyen de lessiver les soudes est très-imparfait, et je préfère celui qui est usité dans le Nord.

Comme les opérations de l'engallage et de l'alunage succèdent à celles dont nous venons de nous occuper, il convient de placer l'atelier, dans lequel s'exécutent ces opérations, à côté du dernier.

Ces chaudières doivent être rondes, et établies de manière que le feu soit servi en dehors de l'atelier, pour que la fumée ou la flamme n'incommode point les ouvriers: elles peuvent avoir les dimensions suivantes: 2 pieds 6 pouces (0,812 mètre) de largeur, sur 2 pieds 8 pouces (0,867 mètre) de profondeur, en supposant qu'on opère sur 200 livres (100 kilogrammes) de coton; mais, comme on passe souvent à l'engallage et à l'alunage, deux parties de coton, à-la-fois, on peut donner aux chaudières 3 pieds 4 pouces (1,083 mètre) de diamètre, sur 2 pieds 8 pouces (0,867 mètre) de profondeur.

ARTICLE III.

Disposition de l'Atelier pour le Garançage et l'Avivage.

Lorsque les cotons sont séchés après leur alunage, on les lave avec beaucoup de soin; et, dès qu'ils sont secs, on procède à leur garançage.

L'atelier du garançage doit être disposé de manière que l'eau puisse couler, par sa pente naturelle, dans toutes les chaudières, et y arriver, en assez grande quantité, pour que la chaudière soit remplie en très-peu de temps.

Cet atelier doit être très-aéré, pour éviter le séjour des vapeurs incommodes, qui s'élèvent de la chaudière, incommodent les ouvriers et ne permettent pas de juger de l'état du coton.

Lorsqu'on peut établir une large communication entre le lavoir et l'atelier du garançage, on se donne par-là une grande facilité pour le transport du coton, l'issue des vapeurs et la surveillance des travaux.

L'étendue de cet atelier, et le nombre des chaudières qu'on doit y établir, dépendent de la quantité de coton qu'on se propose d'avoir à-la-fois en teinture. On pourra déterminer aisément les dimensions de l'atelier et le nombre des chaudières, lorsqu'on saura qu'on peut garancer 70 livres de coton (35 kilogrammes) dans une chaudière de 7 pieds 6 pouces (2,274 mètres) de longueur, sur 3 pieds 9 pouces (1,118 mètre) de largeur, et un pied 6 pouces (0,487 mètre) de profondeur; et qu'on peut faire cinq à six garançages, par jour, dans la même chaudière.

Les chaudières d'avivage doivent donc être établies à côté des chaudières de garançage; et il en faut deux pour chacune de ces dernières, si l'on veut qu'il n'y ait jamais d'interruption dans les travaux.

Au-dehors de la salle, sous un hangar, on place des cuviers pour lessiver les soudes, et former les lessives nécessaires aux apprêts.

J'ai vu, dans plusieurs fabriques du Nord, des chaudières d'avivage qui ne diffèrent des chaudières rondes que par le couvercle, dont on se sert pour les recouvrir et pour empêcher que le coton ne soit poussé au-dehors par les efforts de l'ébullition.

Je crois la forme des chaudières ovales préférable, parce que le coton y est mieux baigné dans le liquide; parce que la chaleur y est plus concentrée, et parce qu'elle présente une plus grande résistance à l'effort des vapeurs.

Non loin des chaudières d'avivage doivent être placés les cuviers nécessaires pour préparer les lessives de soude employées à cette opération.

Avant que la construction des fourneaux eût reçu les perfectionnemens qu'on lui a donnés de nos jours, on se bornoit à établir une chaudière sur quatre murs, de manière que le foyer en occupât toute la largeur et longueur, à l'exception d'environ 3 à 4 pouces (un décimètre) de chaque côté, par lesquels la chaudière reposoit sur les murs: une porte pratiquée au milieu d'un des murs des extrémités, facilitoit le service du combustible et

donnoit entrée à l'air; la cheminée étoit construite vis-à-vis et à l'autre extrémité.

Le progrès des lumières, et le besoin d'économiser le temps et le combustible, ont du apporter des changemens dans la construction des fourneaux dont nous allons nous occuper.

Une construction de fourneau ne peut être réputée bonne, qu'autant que la chaleur s'applique également sur tous les points de la surface du vase évaporatoire, et que toute celle qui se développe par la combustion est mise à profit.

On peut donc déclarer qu'il existe des imperfections:

2°. Toutes les fois qu'on voit fumer la cheminée: car cette fumée, toute composée de corps combustibles entrainés par le courant, annonce qu'ils ont échappé à la combustion.

3°. Toutes les fois qu'on sent l'impression d'une chaleur vive dans le courant d'air qui sort par la cheminée.

En apportant quelques changemens dans chacune des parties qui composent un fourneau d'évaporation, on est parvenu à approcher de bien près de la perfection.

Lorsqu'on emploie le charbon, et que, par conséquent, il faut pratiquer un cendrier, on a soin de le rendre profond, tant pour éviter que le menu charbon qui tombe embrasé ne dilate l'air qui aborde, que pour le mettre à l'abri des courans d'air extérieurs qui, variant sans cesse de force et de direction, rendent la combustion inégale.

La chaleur qui s'élève d'un foyer exerce son maximum d'action à une hauteur qu'il faut connoître, mais qui varie d'après les causes que nous venons d'indiquer. En général, le combustible qui développe beaucoup de flamme, exige une hauteur plus élevée; le charbon de terre épuré et le charbon de bois en demandent une plus basse. Mais c'est toujours entre ces deux extrêmes qu'il faut prendre l'élévation convenable.

Quelquefois, au fond du foyer, vis-à-vis la porte, sont pratiquées deux ouvertures qui forment la naissance des cheminées tournantes, et qui viennent se réunir au-dessus de la porte du foyer en un seul tuyau, par lequel le courant d'air qui a servi à alimenter le feu, s'échappe dans l'atmosphère. Dans ce cas, la cheminée perpendiculaire est au-dessus de la porte du foyer.

Mais plus souvent le courant ne sort du foyer que par une ouverture; alors la cheminée tournante se termine dans la cheminée perpendiculaire, à l'extrémité opposée à celle du foyer et du cendrier.

Lorsque les chaudières sont très-grandes, et qu'il est difficile, sans employer une énorme quantité de combustible, d'en échauffer la base, on y pratique encore des cheminées tournantes, qui vont s'ouvrir dans celles qui règnent tout autour.

Les murs qui séparent les courans de la cheminée au-dessous de la

chaudière, doivent être peu épais; leur largeur sera à-peu-près celle d'une brique.

Au moment de placer la chaudière, on doit recouvrir la surface supérieure de ces cloisons d'une couche de lut, fait avec le crottin de cheval et l'argile pétris ensemble, pour que la chaudière touche par tous les points et que la flamme ou le courant d'air qui sort du foyer, soit forcé de parcourir toute l'étendue de la cheminée.

ARTICLE IV.

Des Dispositions qu'il faut donner au Lavoir.

Nous avons beaucoup parlé du lavoir, sans en déterminer la position: mais l'on a déjà senti que le lavage du coton terminant chaque opération, le lavoir doit être, pour ainsi dire, au centre de l'atelier et à côté de l'étendage.

L'eau du lavoir doit être courante sans être trop rapide; et le volume doit en être tel, que plusieurs ouvriers puissent s'y placer, à-la-fois, sans être gênés dans leurs mouvemens.

Pour approprier un lavoir à ses usages, il faut commencer par en paver le sol; par ce moyen, on y maintient plus de propreté, attendu que le coton ne se mêle pas au limon ou à la terre qui en recouvre le fond, et que d'ailleurs il ne s'accroche plus aux objets raboteux qui pourroient s'y trouver.

On élève, sur chaque côté et à un pied (0,325 mètre) au-dessus du niveau de l'eau, un petit mur de 3 pieds (0,975 mètre) de largeur. La surface doit en être bien polie. On peut employer, à cet usage, de belles dalles ou de larges plateaux de bois qui remplacent les murs de maçonnerie.

Il est prudent, sur-tout lorsque le lavoir est établi sur un courant d'eau rapide, de placer un grillage à l'extrémité, afin d'arrêter le coton qui peut être entraîné.

J'ai vu des fabriques où le lavoir étoit établi sur des eaux stagnantes: mais, dans ce cas, le coton se nettoie mal, et la couleur n'a jamais l'éclat desirable.

ARTICLE V.

Des Dispositions à donner à l'Étendage.

La position, l'étendue et l'exposition de l'étendage influent singulièrement sur le sort d'un établissement de teinture: car, comme dans chacune des nombreuses opérations qu'on fait subir au coton, on est obligé de le sécher après chaque opération avant de passer à une autre, il faut que l'étendage soit à portée de l'atelier, et que sa disposition, sous le rapport de l'étendue et de l'exposition, présente tous les avantages convenables pour sécher promptement, et d'une manière égale, la quantité de coton qu'on mène de

front dans l'atelier.

Nous devons donc nous occuper essentiellement des dispositions qu'il convient de donner à un étendage en plein air. On pourra facilement en déduire des conséquences pour les dispositions d'un étendage couvert, en observant, toutefois, que, dans ce dernier, les cotons ne peuvent être que beaucoup plus serrés, par rapport à la cherté des constructions et à la dépense du combustible.

Le sol qu'on destine à former un étendage, ne doit être ni humide, ni entouré de bois: dans l'un et l'autre cas, la dessiccation y seroit longue et pénible.

Lorsqu'on a fait choix du local, on le dispose de la manière suivante: on commence d'abord par en aplanir le terrain, et arracher toutes les herbes, les arbres et arbustes. On foule le sol de manière à s'assurer que la végétation ne puisse pas s'y rétablir. On trace ensuite des lignes parallèles entr'elles et à la distance de 10 pieds 6 pouces (3 mètres) l'une de l'autre. On les dirige du sud à l'est. Après avoir tracé les lignes, on plante des piquets sur toute leur longueur, à la distance de 6 pieds (2 mètres) l'un de l'autre. Ces piquets doivent être très-droits, d'une surface bien unie, d'une grosseur d'environ 4 pouces (0,108 mètre) de diamètre: ils doivent s'élever au-dessus du sol de 3 pieds 8 pouces (1,192 mètre), et le pied doit être assujéti dans une bonne maçonnerie, ou scellé dans un dé de pierre.

On fixe des soliveaux parallèles au sol sur le sommet de ces piquets; ces soliveaux, dont l'épaisseur est d'environ 4 pouces en carré (environ un décimètre), règnent dans toute la longueur de l'étendage, et sont destinés à supporter des barres mobiles dans lesquelles on passe les mateaux de coton qu'on destine à sécher.

Les barres dont nous venons de parler, doivent être d'un bois très-léger; elles doivent avoir des surfaces très-lisses, et environ 12 pieds (environ 4 mètres) de longueur.

Chacune de ces barres peut recevoir 4 livres de coton (2 kilogrammes); de sorte que, pour opérer à-la-fois, dans l'atelier, sur 5,000 livres (250 myriagrammes), il en faut 1,200.

Il est nécessaire de pratiquer deux ou trois allées dans l'étendage, pour pouvoir communiquer dans les rangs, et se porter sur tous les points, sans être forcé d'entrer par l'une ou l'autre des extrémités.

Nous avons essayé de présenter, dans la fig. 1, pl. 3, une disposition d'atelier de teinture que nous croyons réunir les principaux avantages dont nous avons parlé.

DES DISPOSITIONS À DONNER À L'ÉTENDAGE,

CHAPITRE II

Des Moyens de disposer le Local pour le rendre propre aux opérations de la Teinture.

L'arrangement des diverses parties d'un atelier doit être tel que toutes les opérations se servent et se correspondent; que les transports y soient aisés; que l'ouvrier trouve, sous sa main, les objets dont il a besoin; que chaque opération s'exécute dans un lieu qui lui soit destiné. Ce n'est que par ce moyen, qu'on évitera la confusion dans les manoeuvres, qu'on portera une surveillance aisée sur toutes les opérations, et qu'on maintiendra chaque ouvrier dans une activité convenable.

ARTICLE PREMIER.

Des dispositions qu'on doit faire pour établir les Magasins.

Lorsqu'on veut approprier un local, pour y former un atelier de teinture, il faut s'occuper, en premier lieu, de donner aux magasins une assez grande étendue, pour qu'on puisse y placer commodément la garance, la noix de galle, le sumach, l'huile, le savon et la soude.

La garance doit être déposée et conservée dans un magasin très-bien aéré, et qui soit à portée de l'usine où doit s'en faire le broiement. Comme la garance présente un grand volume, et qu'on en consomme une grande quantité dans une teinture en coton, il est convenable de consacrer un magasin pour elle seule.

La soude exige un local particulier.

L'huile et le savon peuvent être renfermés dans le même lieu.

La garance, le sumach, la noix de galle et la soude ne s'emploient qu'en poudre, ce qui suppose une mécanique quelconque pour écraser et broyer ces matières.

On connoît deux moyens, dans les fabriques, pour broyer ou pulvériser ces substances: la meule et le bocard. La meule a l'inconvénient d'exiger un plus fort degré de siccité dans la garance: le bocard occasionne une plus grande volatilisation, et conséquemment une plus grande perte.

Ces deux mécanismes sont mis en jeu par l'eau ou par la force d'un cheval: le premier moteur est plus économique et plus égal; le second a l'avantage de pouvoir être établi par-tout, et, par conséquent, de pouvoir être placé dans le lieu le plus convenable de l'atelier.

Comme la garance est assez généralement recouverte d'une croûte terreuse dont il faut la débarrasser, et que sa première enveloppe ne fournit qu'une mauvaise couleur, on est dans l'usage de sécher la garance au soleil ou dans des étuves, pour en détacher plus facilement le principe terreux et cette pellicule: cette première opération s'exécute en frappant sur la garance avec un bâton très-souple et en l'agitant avec une fourche.

Ce mélange d'un peu de terre, de l'épiderme et de quelques brindilles ou radicules, n'a besoin que d'être criblé pour que la terre s'en sépare, et il en résulte une garance de mauvaise qualité, qu'on appelle, dans le commerce, garance de billon, et qu'on n'emploie dans la teinture que pour des couleurs obscures ou bleuâtres.

On sépare celle-ci à l'aide du crible ou du blutoir, et on reporte, sous la meule ou le bocard, la portion ligneuse qui est restée entière, pour obtenir une troisième qualité de garance, qu'on appelle garance robée.

On trouve ces trois qualités de garance dans le commerce: la plus estimée de toutes est la troisième: mais, dans les teintures en coton, après avoir séparé avec soin la terre et l'épiderme, on broie tout le corps de la racine pour ne former qu'une qualité.

ARTICLE II.

Des dispositions qu'on doit donner à l'Atelier pour y établir les Salles des mordans et des apprêts.

Pour disposer convenablement cette partie de l'atelier, dans laquelle s'exécutent les principales opérations de la teinture, il faut savoir que les cotons sont imprégnés, pendant plusieurs jours de suite, d'une liqueur savonneuse; qu'après cela on les engalle et on les alune; qu'ensuite on les garance et qu'on termine l'opération par l'avivage.

Les dispositions intérieures qui m'ont paru les plus avantageuses sont les suivantes:

La salle, dans laquelle on passe le coton aux huiles, doit présenter la forme d'un carré oblong: les portes doivent s'ouvrir dans l'étendage pour faciliter le transport des cotons; elles doivent être larges, pour que le passage soit facile, et que, dans les divers transports, le coton ne s'y accroche pas.

On place deux terrines entre deux jarres, de manière que chaque jarre ait deux terrines à droite et deux à gauche.

On doit observer que les terrines soient placées à un pied (0,325 mètre) de distance l'une de l'autre: les jarres peuvent être un peu plus rapprochées des terrines.

En supposant que chaque partie de coton pèse 200 livres (100 kilogrammes), la jarre doit avoir assez de capacité pour contenir 250 livres (125 kilogrammes) d'eau.

La forme des terrines doit être conique: l'intérieur sera vernissé et le fond se terminera en oeuf. Cette forme paroît être la plus avantageuse, pour fouler le coton et rendre la pression bien égale. Voyez fig. 1, pl 1.

À un pied (0,325 mètre) au-dessus du massif de maçonnerie dans lequel sont engagées les jarres et les terrines, on fixe contre le mur, et parallèlement au sol, un liteau de bois, large de 6 pouces (0,162 mètre) et épais de 2 (0,054 mètre), on le fait régner sur tous les côtés où les jarres sont établies.

On place dans la salle, deux ou trois tables, de deux pieds (0,650 mètre) de haut, sur 3 (un mètre) de large. Ces tables servent à recevoir les cotons, à mesure qu'on les travaille.

La figure 5, pl. 1, donnera une idée de la disposition de l'intérieur d'une salle aux apprêts.

Dans le Midi de la France, les lessives se préparent encore dans de grandes jarres, qu'on ensevelit dans la terre, et partie dans la maçonnerie, presque jusqu'au bord de leur orifice; mais ce moyen de lessiver les soudes est très-imparfait, et je préfère celui qui est usité dans le Nord.

Comme les opérations de l'engallage et de l'alunage succèdent à celles dont nous venons de nous occuper, il convient de placer l'atelier, dans lequel s'exécutent ces opérations, à côté du dernier.

Ces chaudières doivent être rondes, et établies de manière que le feu soit servi en dehors de l'atelier, pour que la fumée ou la flamme n'incommode point les ouvriers: elles peuvent avoir les dimensions suivantes: 2 pieds 6 pouces (0,812 mètre) de largeur, sur 2 pieds 8 pouces (0,867 mètre) de profondeur, en supposant qu'on opère sur 200 livres (100 kilogrammes) de coton; mais, comme on passe souvent à l'engallage et à l'alunage, deux parties de coton, à-la-fois, on peut donner aux chaudières 3 pieds 4 pouces (1,083 mètre) de diamètre, sur 2 pieds 8 pouces (0,867 mètre) de profondeur.

ARTICLE III.

Disposition de l'Atelier pour le Garançage et l'Avivage.

Lorsque les cotons sont séchés après leur alunage, on les lave avec beaucoup de soin; et, dès qu'ils sont secs, on procède à leur garançage.

L'atelier du garançage doit être disposé de manière que l'eau puisse couler, par sa pente naturelle, dans toutes les chaudières, et y arriver, en assez grande quantité, pour que la chaudière soit remplie en très-peu de temps.

Cet atelier doit être très-aéré, pour éviter le séjour des vapeurs incommodes, qui s'élèvent de la chaudière, incommodent les ouvriers et ne permettent pas de juger de l'état du coton.

Lorsqu'on peut établir une large communication entre le lavoir et l'atelier du garançage, on se donne par-là une grande facilité pour le transport du coton, l'issue des vapeurs et la surveillance des travaux.

L'étendue de cet atelier, et le nombre des chaudières qu'on doit y établir, dépendent de la quantité de coton qu'on se propose d'avoir à-la-fois en teinture. On pourra déterminer aisément les dimensions de l'atelier et le nombre des chaudières, lorsqu'on saura qu'on peut garancer 70 livres de coton (35 kilogrammes) dans une chaudière de 7 pieds 6 pouces (2,274 mètres) de longueur, sur 3 pieds 9 pouces (1,118 mètre) de largeur, et un pied 6 pouces (0,487 mètre) de profondeur; et qu'on peut faire cinq à six garançages, par jour, dans la même chaudière.

Les chaudières d'avivage doivent donc être établies à côté des chaudières de garançage; et il en faut deux pour chacune de ces dernières, si l'on veut qu'il n'y ait jamais d'interruption dans les travaux.

Au-dehors de la salle, sous un hangar, on place des cuviers pour lessiver les soudes, et former les lessives nécessaires aux apprêts.

J'ai vu, dans plusieurs fabriques du Nord, des chaudières d'avivage qui ne diffèrent des chaudières rondes que par le couvercle, dont on se sert pour les recouvrir et pour empêcher que le coton ne soit poussé au-dehors par les efforts de l'ébullition.

Je crois la forme des chaudières ovales préférable, parce que le coton y est mieux baigné dans le liquide; parce que la chaleur y est plus concentrée, et parce qu'elle présente une plus grande résistance à l'effort des vapeurs.

Non loin des chaudières d'avivage doivent être placés les cuviers nécessaires pour préparer les lessives de soude employées à cette opération.

Avant que la construction des fourneaux eût reçu les perfectionnemens qu'on lui a donnés de nos jours, on se bornoit à établir une chaudière sur quatre murs, de manière que le foyer en occupât toute la largeur et longueur, à l'exception d'environ 3 à 4 pouces (un décimètre) de chaque côté, par lesquels la chaudière reposoit sur les murs: une porte pratiquée au milieu d'un des murs des extrémités, facilitoit le service du combustible et donnoit entrée à l'air; la cheminée étoit construite vis-à-vis et à l'autre extrémité.

Le progrès des lumières, et le besoin d'économiser le temps et le combustible, ont du apporter des changemens dans la construction des fourneaux dont nous allons nous occuper.

Une construction de fourneau ne peut être réputée bonne, qu'autant que la chaleur s'applique également sur tous les points de la surface du vase évaporatoire, et que toute celle qui se développe par la combustion est mise à profit.

On peut donc déclarer qu'il existe des imperfections:

2°. Toutes les fois qu'on voit fumer la cheminée: car cette fumée, toute composée de corps combustibles entrainés par le courant, annonce qu'ils ont échappé à la combustion.

3°. Toutes les fois qu'on sent l'impression d'une chaleur vive dans le courant d'air qui sort par la cheminée.

En apportant quelques changemens dans chacune des parties qui composent un fourneau d'évaporation, on est parvenu à approcher de bien près de la perfection.

Lorsqu'on emploie le charbon, et que, par conséquent, il faut pratiquer un cendrier, on a soin de le rendre profond, tant pour éviter que le menu charbon qui tombe embrasé ne dilate l'air qui aborde, que pour le mettre à l'abri des courans d'air extérieurs qui, variant sans cesse de force et de direction, rendent la combustion inégale.

La chaleur qui s'élève d'un foyer exerce son maximum d'action à une hauteur qu'il faut connoître, mais qui varie d'après les causes que nous venons d'indiquer. En général, le combustible qui développe beaucoup de flamme, exige une hauteur plus élevée; le charbon de terre épuré et le charbon de bois en demandent une plus basse. Mais c'est toujours entre ces deux extrêmes qu'il faut prendre l'élévation convenable.

Quelquefois, au fond du foyer, vis-à-vis la porte, sont pratiquées deux ouvertures qui forment la naissance des cheminées tournantes, et qui viennent se réunir au-dessus de la porte du foyer en un seul tuyau, par lequel le courant d'air qui a servi à alimenter le feu, s'échappe dans l'atmosphère. Dans ce cas, la cheminée perpendiculaire est au-dessus de la porte du foyer.

Mais plus souvent le courant ne sort du foyer que par une ouverture; alors la cheminée tournante se termine dans la cheminée perpendiculaire, à l'extrémité opposée à celle du foyer et du cendrier.

Lorsque les chaudières sont très-grandes, et qu'il est difficile, sans employer une énorme quantité de combustible, d'en échauffer la base, on y pratique encore des cheminées tournantes, qui vont s'ouvrir dans celles qui règnent tout autour.

Les murs qui séparent les courans de la cheminée au-dessous de la chaudière, doivent être peu épais; leur largeur sera à-peu-près celle d'une brique.

Au moment de placer la chaudière, on doit recouvrir la surface supérieure de ces cloisons d'une couche de lut, fait avec le crottin de cheval et l'argile pétris ensemble, pour que la chaudière touche par tous les points et que la flamme ou le courant d'air qui sort du foyer, soit forcé de parcourir toute l'étendue de la cheminée.

ARTICLE IV.

Des Dispositions qu'il faut donner au Lavoir.

Nous avons beaucoup parlé du lavoir, sans en déterminer la position: mais l'on a déjà senti que le lavage du coton terminant chaque opération, le lavoir doit être, pour ainsi dire, au centre de l'atelier et à côté de l'étendage.

L'eau du lavoir doit être courante sans être trop rapide; et le volume doit en être tel, que plusieurs ouvriers puissent s'y placer, à-la-fois, sans être gênés dans leurs mouvemens.

Pour approprier un lavoir à ses usages, il faut commencer par en paver le sol; par ce moyen, on y maintient plus de propreté, attendu que le coton ne se mêle pas au limon ou à la terre qui en recouvre le fond, et que d'ailleurs il ne s'accroche plus aux objets raboteux qui pourroient s'y trouver.

On élève, sur chaque côté et à un pied (0,325 mètre) au-dessus du niveau de l'eau, un petit mur de 3 pieds (0,975 mètre) de largeur. La surface doit en être bien polie. On peut employer, à cet usage, de belles dalles ou de larges plateaux de bois qui remplacent les murs de maçonnerie.

Il est prudent, sur-tout lorsque le lavoir est établi sur un courant d'eau rapide, de placer un grillage à l'extrémité, afin d'arrêter le coton qui peut être entraîné.

J'ai vu des fabriques où le lavoir étoit établi sur des eaux stagnantes: mais, dans ce cas, le coton se nettoie mal, et la couleur n'a jamais l'éclat desirable.

ARTICLE V.

Des Dispositions à donner à l'Étendage.

La position, l'étendue et l'exposition de l'étendage influent singulièrement sur le sort d'un établissement de teinture: car, comme dans chacune des nombreuses opérations qu'on fait subir au coton, on est obligé de le sécher après chaque opération avant de passer à une autre, il faut que l'étendage soit à portée de l'atelier, et que sa disposition, sous le rapport de l'étendue et de l'exposition, présente tous les avantages convenables pour sécher promptement, et d'une manière égale, la quantité de coton qu'on mène de front dans l'atelier.

Nous devons donc nous occuper essentiellement des dispositions qu'il convient de donner à un étendage en plein air. On pourra facilement en déduire des conséquences pour les dispositions d'un étendage couvert, en observant, toutefois, que, dans ce dernier, les cotons ne peuvent être que beaucoup plus serrés, par rapport à la cherté des constructions et à la dépense du combustible.

Le sol qu'on destine à former un étendage, ne doit être ni humide, ni entouré de bois: dans l'un et l'autre cas, la dessiccation y seroit longue et pénible.

Lorsqu'on a fait choix du local, on le dispose de la manière suivante: on commence d'abord par en aplanir le terrain, et arracher toutes les herbes, les arbres et arbustes. On foule le sol de manière à s'assurer que la végétation ne puisse pas s'y rétablir. On trace ensuite des lignes parallèles entr'elles et à la distance de 10 pieds 6 pouces (3 mètres) l'une de l'autre. On les dirige du sud à l'est. Après avoir tracé les lignes, on plante des piquets sur toute leur longueur, à la distance de 6 pieds (2 mètres) l'un de l'autre. Ces piquets doivent être très-droits, d'une surface bien unie, d'une grosseur d'environ 4 pouces (0,108 mètre) de diamètre: ils doivent s'élever au-dessus du sol de 3 pieds 8 pouces (1,192 mètre), et le pied doit être assujéti dans une bonne maçonnerie, ou scellé dans un dé de pierre.

On fixe des soliveaux parallèles au sol sur le sommet de ces piquets; ces soliveaux, dont l'épaisseur est d'environ 4 pouces en carré (environ un décimètre), règnent dans toute la longueur de l'étendage, et sont destinés à supporter des barres mobiles dans lesquelles on passe les mateaux de coton qu'on destine à sécher.

Les barres dont nous venons de parler, doivent être d'un bois très-léger; elles doivent avoir des surfaces très-lisses, et environ 12 pieds (environ 4 mètres) de longueur.

Chacune de ces barres peut recevoir 4 livres de coton (2 kilogrammes); de sorte que, pour opérer à-la-fois, dans l'atelier, sur 5,000 livres (250 myriagrammes), il en faut 1,200.

Il est nécessaire de pratiquer deux ou trois allées dans l'étendage, pour pouvoir communiquer dans les rangs, et se porter sur tous les points, sans être forcé d'entrer par l'une ou l'autre des extrémités.

Nous avons essayé de présenter, dans la fig. 1, pl. 3, une disposition d'atelier de teinture que nous croyons réunir les principaux avantages dont nous avons parlé.

DU CHOIX DES MATIÈRES EMPLOYÉES À LA TEINTURE DU COTON EN ROUGE,

CHAPITRE III.

Du Choix des Matières employées à la Teinture du Coton en rouge.

ARTICLE PREMIER.

Du Choix de la Garance pour la Teinture du Coton en rouge.

La garance, la plus généralement employée dans les ateliers de teinture en coton, est celle qu'on cultive dans le Midi de la France, sur-tout aux environs d'Avignon.

On expédie la garance dans des sacs de toile et en ballots du poids de 2 à 300 livres (10 à 15 myriagrammes).

On doit choisir, de préférence, les racines d'une grosseur médiocre, du diamètre d'un tuyau de plume, et dont la cassure offre une couleur vive, d'un jaune rougeâtre.

Les qualités de la garance proviennent, presqu'en entier, du terrain. Cette racine ne demande ni un terrain trop gras, ni un sol trop maigre: dans le premier cas, elle est trop abondante en principe extractif, elle se corrompt facilement, et se dessèche avec peine; dans le second, elle ne donne que des brindilles on des radicules, dont le tissu, dépourvu de suc, ne fournit presque pas de principe colorant.

Souvent des vues d'un intérêt mal entendu déterminent le cultivateur à arracher la garance à la fin de sa seconde année. Mais, à cet âge, elle n'a pas acquis encore la grosseur convenable, et la couleur n'a ni l'éclat ni la solidité

de celle qui a trois ans.

ARTICLE II.

Du Choix des Huiles pour la Teinture du Coton.

L'huile est, après la garance, la matière dont la consommation est la plus forte dans une teinture de coton: sans l'huile, la couleur de la garance est maigre et peu solide.

La beauté et l'uni de la couleur dépendent essentiellement de la qualité de l'huile, et il est reconnu, parmi les teinturiers, que la matière qui influe le plus puissamment sur les couleurs de garance, c'est l'huile. Aussi emploie-t-on les plus grands soins pour approvisionner un atelier de teinture d'une huile d'olive très-propre à la teinture.

L'huile grasse, ou celle qu'on retire de l'olive par le secours de l'eau chaude et d'une forte pression, est la seule qu'on emploie dans les teintures. Celle-ci diffère essentiellement de l'huile vierge, en ce que, dans l'huile vierge, le principe huileux y est presque pur, tandis que, dans les huiles de fabrique, l'extractif se trouve mêlé avec l'élément huileux, ce qui forme une espèce d'émulsion naturelle.

L'huile propre à la teinture nous est envoyée de la rivière de Gênes, sous le nom d'huile de teinture ou d'huile de fabrique: elle est expédiée dans des futailles qui en contiennent 10 à 12 quintaux (50 à 60 myriagrammes).

On achète aussi, pour le même usage, l'huile de Languedoc et de Provence, qui présente les mêmes avantages lorsqu'elle est extraite par les mêmes procédés.

Mais, très-souvent, on vend, pour huile de teinture, des huiles qui ne sont pas propres à ses opérations: et il importe que le teinturier puisse, d'après des essais faciles, s'assurer de la bonne ou de la mauvaise qualité de celle qu'on lui propose.

La préparation d'une lessive qu'on forme pour essayer une huile, n'est pas indifférente au résultat: en général, on prend de la bonne soude d'Alicante grossièrement concassée, sur laquelle on verse de l'eau pure; on laisse reposer pendant quelques heures, et, lorsque l'eau de soude marque un degré au pèse-liqueur de Baumé, on la mêle avec l'huile.

ARTICLE III.

Du Choix des Soudes pour la Teinture du Coton en rouge.

La soude est employée dans les premières opérations de la teinture en rouge et dans les dernières: dans celles-ci, elle sert à aviver les couleurs et à dépouiller les cotons de la portion du principe colorant qui n'y est pas

adhérente, tandis que, dans les premières opérations, elle est employée d'abord pour décruer le coton, et ensuite pour dissoudre l'huile et en rendre l'application facile et égale sur toutes les parties.

La consommation de la soude est donc très-considérable et très-importante dans une teinture en rouge, et un teinturier ne sauroit trop s'appliquer à faire choix d'une bonne et excellente qualité.

La première qualité de soude du commerce, est celle qui porte le nom de soude d'Alicante: elle nous arrive en gros blocs, du poids de 8 à 900 livres (40 à 45 myriagrammes), enveloppés dans des nattes de joncs.

Cette soude est très-dure, grise à l'extérieur, plus noire à l'intérieur: elle casse net; les fragmens présentent des arêtes très-vives et des angles très-tranchans.

La soude d'Alicante est la seule qu'on emploie dans la teinture en coton; mais il faut la conserver dans un lieu sec, pour qu'elle n'effleurisse pas; car, dans ce dernier état, on ne peut pas s'en servir en teinture.

Pour que la soude d'Alicante réunisse les propriétés qu'on doit désirer, il faut d'abord que la plante qui la fournit ne soit brûlée et coupée que lorsqu'elle est parvenue à une maturité parfaite; c'est-à-dire, vers la fin de l'été. Il paroît, en effet, que la soude n'est formée que lorsque la végétation de la plante a cessé: jusques-là, la soude qui provient de la combustion, quoiqu'ayant toutes les apparences extérieures de la bonne soude, n'en produit pas les effets.

On cultive, sur les bords de la Méditerranée, un salicor qui fournit une assez bonne soude, connue sous le nom de soude de Narbonne: néanmoins elle est très-inférieure à celle d'Alicante. On pourroit en remplacer la culture par la plante qui fournit la soude d'Alicante. Les expériences que j'ai faites, à ce sujet, ne laissent aucun doute, et l'on peut en voir les détails à l'article Soude de ma Chimie appliquée aux Arts.

Presque par-tout, sur les bords de la mer, on brûle les plantes salées qui y croissent, pour en former de la soude.

Dans le Midi, la soude qui provient de la combustion de presque toutes les plantes qui croissent sur les bords de la Méditerranée, entre le port de Cette et Aigues-Mortes, est connue sous le nom de blanquette.

Ces dernières qualités sont médiocres, et ne peuvent servir que pour des opérations peu délicates.

On connoît encore dans le commerce le natron et les cendres de Sicile, qui tiennent le milieu entre les soudes d'Espagne et les indigènes.

On pratique déjà, avec le plus grand succès, l'extraction de la soude par la décomposition du sulfate ou du muriate de soude, et l'on emploie par-tout, pour intermède, la craie ou le fer: mais, dans ce cas, la soude qui provient de ces opérations demande à être purifiée avec le plus grand scrupule avant d'être employée dans les teintures, car il est à craindre qu'il n'y reste quelques atomes de chaux ou de fer, et l'on sait que ces deux matières sont

deux ennemis perfides de la teinture en rouge.

ARTICLE IV.

Du Choix de l'Alun pour la Teinture du Coton en rouge.

On connoît plusieurs espèces d'alun dans le commerce: l'emploi de l'une ou de l'autre est presque indifférent dans les opérations de plusieurs arts, comme, par exemple, dans la teinture en laine, d'après les expériences faites aux Gobelins par MM. Thenard et Roard. Mais, dans la teinture en coton, l'observation a prouvé qu'on ne pouvoit pas se servir indistinctement de tous les aluns du commerce, sur-tout lorsqu'il s'agit d'obtenir des couleurs rouges qui aient beaucoup d'éclat. Le plus léger atome de fer nuance cette couleur et la fait tourner au violet.

Sans doute, le mélange des matières étrangères doit modifier l'effet de l'alun: ainsi quelques atomes de fer dissous dans ce sel doivent nécessairement altérer toutes les couleurs où l'alunage succède à l'opération de l'engallage: d'un autre côté, le sulfate de chaux qui peut se trouver mêlé en petite quantité avec le sulfate d'alumine, ternit et avine le rouge d'une manière frappante.

L'alun de Rome est, à peu de chose près, naturellement exempt de fer, parce que la pierre qui le fournit a déjà subi une calcination dans les entrailles de la terre, et qu'on lui en applique une seconde pour en faciliter la lixiviation, ce qui a l'avantage de décomposer les sulfates de fer.

La chimie est parvenue aujourd'hui à fabriquer l'alun de toutes pièces, par la combinaison directe de l'acide, de l'alumine et de la potasse. J'ai été un des premiers à former des établissemens de ce genre, et la simplicité de mes procédés m'a constamment permis de concourir avec les entrepreneurs de l'exploitation des mines d'alun. Je ne doute pas que, dans quelques années, l'alun de fabrique ne suffise à tous nos usages. On peut consulter ce que j'ai dit sur l'art de fabriquer l'alun, dans ma Chimie appliquée aux Arts.

ARTICLE V.

Du Choix de la Noix de galle pour la Teinture du Coton en rouge.

Le commerce connoît quatre principales qualités de noix de galle: 1°. les galles noires; 2°. les galles en sorte; 3°. la galle d'Istrie; 4°. les galles blanches et légères.

Les galles noires sont préférables à toutes les autres: elles sont de la grosseur de noisettes, de couleur d'un gris noirâtre, très-pesantes et très-difficiles à concasser. Elles donnent plus de fond et plus de solidité aux couleurs; mais elles sont plus chères et en même temps plus rares, sur-tout sans être

mélangées.

La galle d'Istrie est épineuse sur toute sa surface; elle est plus légère que les précédentes, et ne fournit ni le même fond de couleur, ni le même éclat.

La quatrième espèce de galle est celle du pays: elle vient abondamment en Provence, en Languedoc, sur-tout en Espagne. La surface est lisse; elle est plus grosse et plus légère qu'aucune des précédentes, l'enveloppe en est très-mince.

On ne peut employer ces deux dernières qualités, qu'en les mêlant avec les premières.

ARTICLE VI.

Du Choix du Sang pour la Teinture du Coton en rouge.

Le sang a le double avantage de donner à la couleur de la garance un fond plus riche et plus vif, et d'en augmenter la solidité. Tout le monde sait que le fil ou le coton trempé dans le sang, et séché, contracte une couleur qu'on a de la peine à enlever par l'eau; et aucun teinturier n'ignore que les cotons teints sans l'emploi du sang dans le garançage, prennent une couleur pâle, terne, sèche, qui n'est nullement comparable à celle que présentent les mêmes cotons lorsqu'on mêle du sang au garançage.

Le sang se corrompt aisément et il se décolore. Pendant l'été, on éprouve beaucoup de peine à le préserver de l'altération, quoiqu'on le conserve dans de grandes jarres enfouies dans la terre: je me suis bien trouvé d'y mêler, dans cette saison seulement, un peu de dissolution d'alun. Par ce moyen, on peut le préserver de toute dégénération pendant long-temps, sans lui rien ôter de ses vertus.

J'ai vu encore employer une légère infusion de noix de galle pour tenir lieu du sang: mais cette ressource ne peut pas être comparée à celle que présentent les colles et les autres extraits animaux.

DU CHOIX DE LA GARANCE POUR LA TEINTURE DU COTON EN ROUGE,

CHAPITRE III.

Du Choix des Matières employées à la Teinture du Coton en rouge.

ARTICLE PREMIER.

Du Choix de la Garance pour la Teinture du Coton en rouge.

La garance, la plus généralement employée dans les ateliers de teinture en coton, est celle qu'on cultive dans le Midi de la France, sur-tout aux environs d'Avignon.

On expédie la garance dans des sacs de toile et en ballots du poids de 2 à 300 livres (10 à 15 myriagrammes).

On doit choisir, de préférence, les racines d'une grosseur médiocre, du diamètre d'un tuyau de plume, et dont la cassure offre une couleur vive, d'un jaune rougeâtre.

Les qualités de la garance proviennent, presqu'en entier, du terrain. Cette racine ne demande ni un terrain trop gras, ni un sol trop maigre: dans le premier cas, elle est trop abondante en principe extractif, elle se corrompt facilement, et se dessèche avec peine; dans le second, elle ne donne que des brindilles on des radicules, dont le tissu, dépourvu de suc, ne fournit presque pas de principe colorant.

Souvent des vues d'un intérêt mal entendu déterminent le cultivateur à arracher la garance à la fin de sa seconde année. Mais, à cet âge, elle n'a pas acquis encore la grosseur convenable, et la couleur n'a ni l'éclat ni la solidité

de celle qui a trois ans.

ARTICLE II.

Du Choix des Huiles pour la Teinture du Coton.

L'huile est, après la garance, la matière dont la consommation est la plus forte dans une teinture de coton: sans l'huile, la couleur de la garance est maigre et peu solide.

La beauté et l'uni de la couleur dépendent essentiellement de la qualité de l'huile, et il est reconnu, parmi les teinturiers, que la matière qui influe le plus puissamment sur les couleurs de garance, c'est l'huile. Aussi emploie-t-on les plus grands soins pour approvisionner un atelier de teinture d'une huile d'olive très-propre à la teinture.

L'huile grasse, ou celle qu'on retire de l'olive par le secours de l'eau chaude et d'une forte pression, est la seule qu'on emploie dans les teintures. Celle-ci diffère essentiellement de l'huile vierge, en ce que, dans l'huile vierge, le principe huileux y est presque pur, tandis que, dans les huiles de fabrique, l'extractif se trouve mêlé avec l'élément huileux, ce qui forme une espèce d'émulsion naturelle.

L'huile propre à la teinture nous est envoyée de la rivière de Gênes, sous le nom d'huile de teinture ou d'huile de fabrique: elle est expédiée dans des futailles qui en contiennent 10 à 12 quintaux (50 à 60 myriagrammes).

On achète aussi, pour le même usage, l'huile de Languedoc et de Provence, qui présente les mêmes avantages lorsqu'elle est extraite par les mêmes procédés.

Mais, très-souvent, on vend, pour huile de teinture, des huiles qui ne sont pas propres à ses opérations: et il importe que le teinturier puisse, d'après des essais faciles, s'assurer de la bonne ou de la mauvaise qualité de celle qu'on lui propose.

La préparation d'une lessive qu'on forme pour essayer une huile, n'est pas indifférente au résultat: en général, on prend de la bonne soude d'Alicante grossièrement concassée, sur laquelle on verse de l'eau pure; on laisse reposer pendant quelques heures, et, lorsque l'eau de soude marque un degré au pèse-liqueur de Baumé, on la mêle avec l'huile.

ARTICLE III.

Du Choix des Soudes pour la Teinture du Coton en rouge.

La soude est employée dans les premières opérations de la teinture en rouge et dans les dernières: dans celles-ci, elle sert à aviver les couleurs et à dépouiller les cotons de la portion du principe colorant qui n'y est pas

adhérente, tandis que, dans les premières opérations, elle est employée d'abord pour décruer le coton, et ensuite pour dissoudre l'huile et en rendre l'application facile et égale sur toutes les parties.

La consommation de la soude est donc très-considérable et très-importante dans une teinture en rouge, et un teinturier ne sauroit trop s'appliquer à faire choix d'une bonne et excellente qualité.

La première qualité de soude du commerce, est celle qui porte le nom de soude d'Alicante: elle nous arrive en gros blocs, du poids de 8 à 900 livres (40 à 45 myriagrammes), enveloppés dans des nattes de joncs.

Cette soude est très-dure, grise à l'extérieur, plus noire à l'intérieur: elle casse net; les fragmens présentent des arêtes très-vives et des angles très-tranchans.

La soude d'Alicante est la seule qu'on emploie dans la teinture en coton; mais il faut la conserver dans un lieu sec, pour qu'elle n'effleurisse pas; car, dans ce dernier état, on ne peut pas s'en servir en teinture.

Pour que la soude d'Alicante réunisse les propriétés qu'on doit désirer, il faut d'abord que la plante qui la fournit ne soit brûlée et coupée que lorsqu'elle est parvenue à une maturité parfaite; c'est-à-dire, vers la fin de l'été. Il paroît, en effet, que la soude n'est formée que lorsque la végétation de la plante a cessé: jusques-là, la soude qui provient de la combustion, quoiqu'ayant toutes les apparences extérieures de la bonne soude, n'en produit pas les effets.

On cultive, sur les bords de la Méditerranée, un salicor qui fournit une assez bonne soude, connue sous le nom de soude de Narbonne: néanmoins elle est très-inférieure à celle d'Alicante. On pourroit en remplacer la culture par la plante qui fournit la soude d'Alicante. Les expériences que j'ai faites, à ce sujet, ne laissent aucun doute, et l'on peut en voir les détails à l'article Soude de ma Chimie appliquée aux Arts.

Presque par-tout, sur les bords de la mer, on brûle les plantes salées qui y croissent, pour en former de la soude.

Dans le Midi, la soude qui provient de la combustion de presque toutes les plantes qui croissent sur les bords de la Méditerranée, entre le port de Cette et Aigues-Mortes, est connue sous le nom de blanquette.

Ces dernières qualités sont médiocres, et ne peuvent servir que pour des opérations peu délicates.

On connoît encore dans le commerce le natron et les cendres de Sicile, qui tiennent le milieu entre les soudes d'Espagne et les indigènes.

On pratique déjà, avec le plus grand succès, l'extraction de la soude par la décomposition du sulfate ou du muriate de soude, et l'on emploie par-tout, pour intermède, la craie ou le fer: mais, dans ce cas, la soude qui provient de ces opérations demande à être purifiée avec le plus grand scrupule avant d'être employée dans les teintures, car il est à craindre qu'il n'y reste quelques atomes de chaux ou de fer, et l'on sait que ces deux matières sont

deux ennemis perfides de la teinture en rouge.

ARTICLE IV.

Du Choix de l'Alun pour la Teinture du Coton en rouge.

On connoît plusieurs espèces d'alun dans le commerce: l'emploi de l'une ou de l'autre est presque indifférent dans les opérations de plusieurs arts, comme, par exemple, dans la teinture en laine, d'après les expériences faites aux Gobelins par MM. Thenard et Roard. Mais, dans la teinture en coton, l'observation a prouvé qu'on ne pouvoit pas se servir indistinctement de tous les aluns du commerce, sur-tout lorsqu'il s'agit d'obtenir des couleurs rouges qui aient beaucoup d'éclat. Le plus léger atome de fer nuance cette couleur et la fait tourner au violet.

Sans doute, le mélange des matières étrangères doit modifier l'effet de l'alun: ainsi quelques atomes de fer dissous dans ce sel doivent nécessairement altérer toutes les couleurs où l'alunage succède à l'opération de l'engallage: d'un autre côté, le sulfate de chaux qui peut se trouver mêlé en petite quantité avec le sulfate d'alumine, ternit et avine le rouge d'une manière frappante.

L'alun de Rome est, à peu de chose près, naturellement exempt de fer, parce que la pierre qui le fournit a déjà subi une calcination dans les entrailles de la terre, et qu'on lui en applique une seconde pour en faciliter la lixiviation, ce qui a l'avantage de décomposer les sulfates de fer.

La chimie est parvenue aujourd'hui à fabriquer l'alun de toutes pièces, par la combinaison directe de l'acide, de l'alumine et de la potasse. J'ai été un des premiers à former des établissemens de ce genre, et la simplicité de mes procédés m'a constamment permis de concourir avec les entrepreneurs de l'exploitation des mines d'alun. Je ne doute pas que, dans quelques années, l'alun de fabrique ne suffise à tous nos usages. On peut consulter ce que j'ai dit sur l'art de fabriquer l'alun, dans ma Chimie appliquée aux Arts.

ARTICLE V.

Du Choix de la Noix de galle pour la Teinture du Coton en rouge.

Le commerce connoît quatre principales qualités de noix de galle: 1°. les galles noires; 2°. les galles en sorte; 3°. la galle d'Istrie; 4°. les galles blanches et légères.

Les galles noires sont préférables à toutes les autres: elles sont de la grosseur de noisettes, de couleur d'un gris noirâtre, très-pesantes et très-difficiles à concasser. Elles donnent plus de fond et plus de solidité aux couleurs; mais elles sont plus chères et en même temps plus rares, sur-tout sans être

mélangées.

La galle d'Istrie est épineuse sur toute sa surface; elle est plus légère que les précédentes, et ne fournit ni le même fond de couleur, ni le même éclat.

La quatrième espèce de galle est celle du pays: elle vient abondamment en Provence, en Languedoc, sur-tout en Espagne. La surface est lisse; elle est plus grosse et plus légère qu'aucune des précédentes, l'enveloppe en est très-mince.

On ne peut employer ces deux dernières qualités, qu'en les mêlant avec les premières.

ARTICLE VI.

Du Choix du Sang pour la Teinture du Coton en rouge.

Le sang a le double avantage de donner à la couleur de la garance un fond plus riche et plus vif, et d'en augmenter la solidité. Tout le monde sait que le fil ou le coton trempé dans le sang, et séché, contracte une couleur qu'on a de la peine à enlever par l'eau; et aucun teinturier n'ignore que les cotons teints sans l'emploi du sang dans le garançage, prennent une couleur pâle, terne, sèche, qui n'est nullement comparable à celle que présentent les mêmes cotons lorsqu'on mêle du sang au garançage.

Le sang se corrompt aisément et il se décolore. Pendant l'été, on éprouve beaucoup de peine à le préserver de l'altération, quoiqu'on le conserve dans de grandes jarres enfouies dans la terre: je me suis bien trouvé d'y mêler, dans cette saison seulement, un peu de dissolution d'alun. Par ce moyen, on peut le préserver de toute dégénération pendant long-temps, sans lui rien ôter de ses vertus.

J'ai vu encore employer une légère infusion de noix de galle pour tenir lieu du sang: mais cette ressource ne peut pas être comparée à celle que présentent les colles et les autres extraits animaux.

DU CHOIX DES HUILES POUR LA TEINTURE DU COTON EN ROUGE,

CHAPITRE III.

Du Choix des Matières employées à la Teinture du Coton en rouge.

ARTICLE PREMIER.

Du Choix de la Garance pour la Teinture du Coton en rouge.

La garance, la plus généralement employée dans les ateliers de teinture en coton, est celle qu'on cultive dans le Midi de la France, sur-tout aux environs d'Avignon.

On expédie la garance dans des sacs de toile et en ballots du poids de 2 à 300 livres (10 à 15 myriagrammes).

On doit choisir, de préférence, les racines d'une grosseur médiocre, du diamètre d'un tuyau de plume, et dont la cassure offre une couleur vive, d'un jaune rougeâtre.

Les qualités de la garance proviennent, presqu'en entier, du terrain. Cette racine ne demande ni un terrain trop gras, ni un sol trop maigre: dans le premier cas, elle est trop abondante en principe extractif, elle se corrompt facilement, et se dessèche avec peine; dans le second, elle ne donne que des brindilles on des radicules, dont le tissu, dépourvu de suc, ne fournit presque pas de principe colorant.

Souvent des vues d'un intérêt mal entendu déterminent le cultivateur à arracher la garance à la fin de sa seconde année. Mais, à cet âge, elle n'a pas acquis encore la grosseur convenable, et la couleur n'a ni l'éclat ni la solidité

de celle qui a trois ans.

ARTICLE II.

Du Choix des Huiles pour la Teinture du Coton.

L'huile est, après la garance, la matière dont la consommation est la plus forte dans une teinture de coton: sans l'huile, la couleur de la garance est maigre et peu solide.

La beauté et l'uni de la couleur dépendent essentiellement de la qualité de l'huile, et il est reconnu, parmi les teinturiers, que la matière qui influe le plus puissamment sur les couleurs de garance, c'est l'huile. Aussi emploie-t-on les plus grands soins pour approvisionner un atelier de teinture d'une huile d'olive très-propre à la teinture.

L'huile grasse, ou celle qu'on retire de l'olive par le secours de l'eau chaude et d'une forte pression, est la seule qu'on emploie dans les teintures. Celle-ci diffère essentiellement de l'huile vierge, en ce que, dans l'huile vierge, le principe huileux y est presque pur, tandis que, dans les huiles de fabrique, l'extractif se trouve mêlé avec l'élément huileux, ce qui forme une espèce d'émulsion naturelle.

L'huile propre à la teinture nous est envoyée de la rivière de Gênes, sous le nom d'huile de teinture ou d'huile de fabrique: elle est expédiée dans des futailles qui en contiennent 10 à 12 quintaux (50 à 60 myriagrammes).

On achète aussi, pour le même usage, l'huile de Languedoc et de Provence, qui présente les mêmes avantages lorsqu'elle est extraite par les mêmes procédés.

Mais, très-souvent, on vend, pour huile de teinture, des huiles qui ne sont pas propres à ses opérations: et il importe que le teinturier puisse, d'après des essais faciles, s'assurer de la bonne ou de la mauvaise qualité de celle qu'on lui propose.

La préparation d'une lessive qu'on forme pour essayer une huile, n'est pas indifférente au résultat: en général, on prend de la bonne soude d'Alicante grossièrement concassée, sur laquelle on verse de l'eau pure; on laisse reposer pendant quelques heures, et, lorsque l'eau de soude marque un degré au pèse-liqueur de Baumé, on la mêle avec l'huile.

ARTICLE III.

Du Choix des Soudes pour la Teinture du Coton en rouge.

La soude est employée dans les premières opérations de la teinture en rouge et dans les dernières: dans celles-ci, elle sert à aviver les couleurs et à dépouiller les cotons de la portion du principe colorant qui n'y est pas

adhérente, tandis que, dans les premières opérations, elle est employée d'abord pour décruer le coton, et ensuite pour dissoudre l'huile et en rendre l'application facile et égale sur toutes les parties.

La consommation de la soude est donc très-considérable et très-importante dans une teinture en rouge, et un teinturier ne sauroit trop s'appliquer à faire choix d'une bonne et excellente qualité.

La première qualité de soude du commerce, est celle qui porte le nom de soude d'Alicante: elle nous arrive en gros blocs, du poids de 8 à 900 livres (40 à 45 myriagrammes), enveloppés dans des nattes de joncs.

Cette soude est très-dure, grise à l'extérieur, plus noire à l'intérieur: elle casse net; les fragmens présentent des arêtes très-vives et des angles très-tranchans.

La soude d'Alicante est la seule qu'on emploie dans la teinture en coton; mais il faut la conserver dans un lieu sec, pour qu'elle n'effleurisse pas; car, dans ce dernier état, on ne peut pas s'en servir en teinture.

Pour que la soude d'Alicante réunisse les propriétés qu'on doit désirer, il faut d'abord que la plante qui la fournit ne soit brûlée et coupée que lorsqu'elle est parvenue à une maturité parfaite; c'est-à-dire, vers la fin de l'été. Il paroît, en effet, que la soude n'est formée que lorsque la végétation de la plante a cessé: jusques-là, la soude qui provient de la combustion, quoiqu'ayant toutes les apparences extérieures de la bonne soude, n'en produit pas les effets.

On cultive, sur les bords de la Méditerranée, un salicor qui fournit une assez bonne soude, connue sous le nom de soude de Narbonne: néanmoins elle est très-inférieure à celle d'Alicante. On pourroit en remplacer la culture par la plante qui fournit la soude d'Alicante. Les expériences que j'ai faites, à ce sujet, ne laissent aucun doute, et l'on peut en voir les détails à l'article Soude de ma Chimie appliquée aux Arts.

Presque par-tout, sur les bords de la mer, on brûle les plantes salées qui y croissent, pour en former de la soude.

Dans le Midi, la soude qui provient de la combustion de presque toutes les plantes qui croissent sur les bords de la Méditerranée, entre le port de Cette et Aigues-Mortes, est connue sous le nom de blanquette.

Ces dernières qualités sont médiocres, et ne peuvent servir que pour des opérations peu délicates.

On connoît encore dans le commerce le natron et les cendres de Sicile, qui tiennent le milieu entre les soudes d'Espagne et les indigènes.

On pratique déjà, avec le plus grand succès, l'extraction de la soude par la décomposition du sulfate ou du muriate de soude, et l'on emploie par-tout, pour intermède, la craie ou le fer: mais, dans ce cas, la soude qui provient de ces opérations demande à être purifiée avec le plus grand scrupule avant d'être employée dans les teintures, car il est à craindre qu'il n'y reste quelques atomes de chaux ou de fer, et l'on sait que ces deux matières sont

deux ennemis perfides de la teinture en rouge.

ARTICLE IV.

Du Choix de l'Alun pour la Teinture du Coton en rouge.

On connoît plusieurs espèces d'alun dans le commerce: l'emploi de l'une ou de l'autre est presque indifférent dans les opérations de plusieurs arts, comme, par exemple, dans la teinture en laine, d'après les expériences faites aux Gobelins par MM. Thenard et Roard. Mais, dans la teinture en coton, l'observation a prouvé qu'on ne pouvoit pas se servir indistinctement de tous les aluns du commerce, sur-tout lorsqu'il s'agit d'obtenir des couleurs rouges qui aient beaucoup d'éclat. Le plus léger atome de fer nuance cette couleur et la fait tourner au violet.

Sans doute, le mélange des matières étrangères doit modifier l'effet de l'alun: ainsi quelques atomes de fer dissous dans ce sel doivent nécessairement altérer toutes les couleurs où l'alunage succède à l'opération de l'engallage: d'un autre côté, le sulfate de chaux qui peut se trouver mêlé en petite quantité avec le sulfate d'alumine, ternit et avine le rouge d'une manière frappante.

L'alun de Rome est, à peu de chose près, naturellement exempt de fer, parce que la pierre qui le fournit a déjà subi une calcination dans les entrailles de la terre, et qu'on lui en applique une seconde pour en faciliter la lixiviation, ce qui a l'avantage de décomposer les sulfates de fer.

La chimie est parvenue aujourd'hui à fabriquer l'alun de toutes pièces, par la combinaison directe de l'acide, de l'alumine et de la potasse. J'ai été un des premiers à former des établissemens de ce genre, et la simplicité de mes procédés m'a constamment permis de concourir avec les entrepreneurs de l'exploitation des mines d'alun. Je ne doute pas que, dans quelques années, l'alun de fabrique ne suffise à tous nos usages. On peut consulter ce que j'ai dit sur l'art de fabriquer l'alun, dans ma Chimie appliquée aux Arts.

ARTICLE V.

Du Choix de la Noix de galle pour la Teinture du Coton en rouge.

Le commerce connoît quatre principales qualités de noix de galle: 1°. les galles noires; 2°. les galles en sorte; 3°. la galle d'Istrie; 4°. les galles blanches et légères.

Les galles noires sont préférables à toutes les autres: elles sont de la grosseur de noisettes, de couleur d'un gris noirâtre, très-pesantes et très-difficiles à concasser. Elles donnent plus de fond et plus de solidité aux couleurs; mais elles sont plus chères et en même temps plus rares, sur-tout sans être

mélangées.

La galle d'Istrie est épineuse sur toute sa surface; elle est plus légère que les précédentes, et ne fournit ni le même fond de couleur, ni le même éclat.

La quatrième espèce de galle est celle du pays: elle vient abondamment en Provence, en Languedoc, sur-tout en Espagne. La surface est lisse; elle est plus grosse et plus légère qu'aucune des précédentes, l'enveloppe en est très-mince.

On ne peut employer ces deux dernières qualités, qu'en les mêlant avec les premières.

ARTICLE VI.

Du Choix du Sang pour la Teinture du Coton en rouge.

Le sang a le double avantage de donner à la couleur de la garance un fond plus riche et plus vif, et d'en augmenter la solidité. Tout le monde sait que le fil ou le coton trempé dans le sang, et séché, contracte une couleur qu'on a de la peine à enlever par l'eau; et aucun teinturier n'ignore que les cotons teints sans l'emploi du sang dans le garançage, prennent une couleur pâle, terne, sèche, qui n'est nullement comparable à celle que présentent les mêmes cotons lorsqu'on mêle du sang au garançage.

Le sang se corrompt aisément et il se décolore. Pendant l'été, on éprouve beaucoup de peine à le préserver de l'altération, quoiqu'on le conserve dans de grandes jarres enfouies dans la terre: je me suis bien trouvé d'y mêler, dans cette saison seulement, un peu de dissolution d'alun. Par ce moyen, on peut le préserver de toute dégénération pendant long-temps, sans lui rien ôter de ses vertus.

J'ai vu encore employer une légère infusion de noix de galle pour tenir lieu du sang: mais cette ressource ne peut pas être comparée à celle que présentent les colles et les autres extraits animaux.

DU CHOIX DES SOUDES POUR LA TEINTURE DU COTON EN ROUGE,

CHAPITRE III.

Du Choix des Matières employées à la Teinture du Coton en rouge.

ARTICLE PREMIER.

Du Choix de la Garance pour la Teinture du Coton en rouge.

La garance, la plus généralement employée dans les ateliers de teinture en coton, est celle qu'on cultive dans le Midi de la France, sur-tout aux environs d'Avignon.

On expédie la garance dans des sacs de toile et en ballots du poids de 2 à 300 livres (10 à 15 myriagrammes).

On doit choisir, de préférence, les racines d'une grosseur médiocre, du diamètre d'un tuyau de plume, et dont la cassure offre une couleur vive, d'un jaune rougeâtre.

Les qualités de la garance proviennent, presqu'en entier, du terrein. Cette racine ne demande ni un terrein trop gras, ni un sol trop maigre: dans le premier cas, elle est trop abondante en principe extractif, elle se corrompt facilement, et se dessèche avec peine; dans le second, elle ne donne que des brindilles on des radicules, dont le tissu, dépourvu de suc, ne fournit presque pas de principe colorant.

Souvent des vues d'un intérêt mal entendu déterminent le cultivateur à arracher la garance à la fin de sa seconde année. Mais, à cet âge, elle n'a pas acquis encore la grosseur convenable, et la couleur n'a ni l'éclat ni la solidité

75

de celle qui a trois ans.

ARTICLE II.

Du Choix des Huiles pour la Teinture du Coton.

L'huile est, après la garance, la matière dont la consommation est la plus forte dans une teinture de coton: sans l'huile, la couleur de la garance est maigre et peu solide.

La beauté et l'uni de la couleur dépendent essentiellement de la qualité de l'huile, et il est reconnu, parmi les teinturiers, que la matière qui influe le plus puissamment sur les couleurs de garance, c'est l'huile. Aussi emploie-t-on les plus grands soins pour approvisionner un atelier de teinture d'une huile d'olive très-propre à la teinture.

L'huile grasse, ou celle qu'on retire de l'olive par le secours de l'eau chaude et d'une forte pression, est la seule qu'on emploie dans les teintures. Celle-ci diffère essentiellement de l'huile vierge, en ce que, dans l'huile vierge, le principe huileux y est presque pur, tandis que, dans les huiles de fabrique, l'extractif se trouve mêlé avec l'élément huileux, ce qui forme une espèce d'émulsion naturelle.

L'huile propre à la teinture nous est envoyée de la rivière de Gênes, sous le nom d'huile de teinture ou d'huile de fabrique: elle est expédiée dans des futailles qui en contiennent 10 à 12 quintaux (50 à 60 myriagrammes).

On achète aussi, pour le même usage, l'huile de Languedoc et de Provence, qui présente les mêmes avantages lorsqu'elle est extraite par les mêmes procédés.

Mais, très-souvent, on vend, pour huile de teinture, des huiles qui ne sont pas propres à ses opérations: et il importe que le teinturier puisse, d'après des essais faciles, s'assurer de la bonne ou de la mauvaise qualité de celle qu'on lui propose.

La préparation d'une lessive qu'on forme pour essayer une huile, n'est pas indifférente au résultat: en général, on prend de la bonne soude d'Alicante grossièrement concassée, sur laquelle on verse de l'eau pure; on laisse reposer pendant quelques heures, et, lorsque l'eau de soude marque un degré au pèse-liqueur de Baumé, on la mêle avec l'huile.

ARTICLE III.

Du Choix des Soudes pour la Teinture du Coton en rouge.

La soude est employée dans les premières opérations de la teinture en rouge et dans les dernières: dans celles-ci, elle sert à aviver les couleurs et à dépouiller les cotons de la portion du principe colorant qui n'y est pas

adhérente, tandis que, dans les premières opérations, elle est employée d'abord pour décruer le coton, et ensuite pour dissoudre l'huile et en rendre l'application facile et égale sur toutes les parties.

La consommation de la soude est donc très-considérable et très-importante dans une teinture en rouge, et un teinturier ne sauroit trop s'appliquer à faire choix d'une bonne et excellente qualité.

La première qualité de soude du commerce, est celle qui porte le nom de soude d'Alicante: elle nous arrive en gros blocs, du poids de 8 à 900 livres (40 à 45 myriagrammes), enveloppés dans des nattes de joncs.

Cette soude est très-dure, grise à l'extérieur, plus noire à l'intérieur: elle casse net; les fragmens présentent des arêtes très-vives et des angles très-tranchans.

La soude d'Alicante est la seule qu'on emploie dans la teinture en coton; mais il faut la conserver dans un lieu sec, pour qu'elle n'effleurisse pas; car, dans ce dernier état, on ne peut pas s'en servir en teinture.

Pour que la soude d'Alicante réunisse les propriétés qu'on doit désirer, il faut d'abord que la plante qui la fournit ne soit brûlée et coupée que lorsqu'elle est parvenue à une maturité parfaite; c'est-à-dire, vers la fin de l'été. Il paroît, en effet, que la soude n'est formée que lorsque la végétation de la plante a cessé: jusques-là, la soude qui provient de la combustion, quoiqu'ayant toutes les apparences extérieures de la bonne soude, n'en produit pas les effets.

On cultive, sur les bords de la Méditerranée, un salicor qui fournit une assez bonne soude, connue sous le nom de soude de Narbonne: néanmoins elle est très-inférieure à celle d'Alicante. On pourroit en remplacer la culture par la plante qui fournit la soude d'Alicante. Les expériences que j'ai faites, à ce sujet, ne laissent aucun doute, et l'on peut en voir les détails à l'article Soude de ma Chimie appliquée aux Arts.

Presque par-tout, sur les bords de la mer, on brûle les plantes salées qui y croissent, pour en former de la soude.

Dans le Midi, la soude qui provient de la combustion de presque toutes les plantes qui croissent sur les bords de la Méditerranée, entre le port de Cette et Aigues-Mortes, est connue sous le nom de blanquette.

Ces dernières qualités sont médiocres, et ne peuvent servir que pour des opérations peu délicates.

On connoît encore dans le commerce le natron et les cendres de Sicile, qui tiennent le milieu entre les soudes d'Espagne et les indigènes.

On pratique déjà, avec le plus grand succès, l'extraction de la soude par la décomposition du sulfate ou du muriate de soude, et l'on emploie par-tout, pour intermède, la craie ou le fer: mais, dans ce cas, la soude qui provient de ces opérations demande à être purifiée avec le plus grand scrupule avant d'être employée dans les teintures, car il est à craindre qu'il n'y reste quelques atomes de chaux ou de fer, et l'on sait que ces deux matières sont

deux ennemis perfides de la teinture en rouge.

ARTICLE IV.

Du Choix de l'Alun pour la Teinture du Coton en rouge.

On connoît plusieurs espèces d'alun dans le commerce: l'emploi de l'une ou de l'autre est presque indifférent dans les opérations de plusieurs arts, comme, par exemple, dans la teinture en laine, d'après les expériences faites aux Gobelins par MM. Thenard et Roard. Mais, dans la teinture en coton, l'observation a prouvé qu'on ne pouvoit pas se servir indistinctement de tous les aluns du commerce, sur-tout lorsqu'il s'agit d'obtenir des couleurs rouges qui aient beaucoup d'éclat. Le plus léger atome de fer nuance cette couleur et la fait tourner au violet.

Sans doute, le mélange des matières étrangères doit modifier l'effet de l'alun: ainsi quelques atomes de fer dissous dans ce sel doivent nécessairement altérer toutes les couleurs où l'alunage succède à l'opération de l'engallage: d'un autre côté, le sulfate de chaux qui peut se trouver mêlé en petite quantité avec le sulfate d'alumine, ternit et avine le rouge d'une manière frappante.

L'alun de Rome est, à peu de chose près, naturellement exempt de fer, parce que la pierre qui le fournit a déjà subi une calcination dans les entrailles de la terre, et qu'on lui en applique une seconde pour en faciliter la lixiviation, ce qui a l'avantage de décomposer les sulfates de fer.

La chimie est parvenue aujourd'hui à fabriquer l'alun de toutes pièces, par la combinaison directe de l'acide, de l'alumine et de la potasse. J'ai été un des premiers à former des établissemens de ce genre, et la simplicité de mes procédés m'a constamment permis de concourir avec les entrepreneurs de l'exploitation des mines d'alun. Je ne doute pas que, dans quelques années, l'alun de fabrique ne suffise à tous nos usages. On peut consulter ce que j'ai dit sur l'art de fabriquer l'alun, dans ma Chimie appliquée aux Arts.

ARTICLE V.

Du Choix de la Noix de galle pour la Teinture du Coton en rouge.

Le commerce connoît quatre principales qualités de noix de galle: 1°. les galles noires; 2°. les galles en sorte; 3°. la galle d'Istrie; 4°. les galles blanches et légères.

Les galles noires sont préférables à toutes les autres: elles sont de la grosseur de noisettes, de couleur d'un gris noirâtre, très-pesantes et très-difficiles à concasser. Elles donnent plus de fond et plus de solidité aux couleurs; mais elles sont plus chères et en même temps plus rares, sur-tout sans être

mélangées.

La galle d'Istrie est épineuse sur toute sa surface; elle est plus légère que les précédentes, et ne fournit ni le même fond de couleur, ni le même éclat.

La quatrième espèce de galle est celle du pays: elle vient abondamment en Provence, en Languedoc, sur-tout en Espagne. La surface est lisse; elle est plus grosse et plus légère qu'aucune des précédentes, l'enveloppe en est très-mince.

On ne peut employer ces deux dernières qualités, qu'en les mêlant avec les premières.

ARTICLE VI.

Du Choix du Sang pour la Teinture du Coton en rouge.

Le sang a le double avantage de donner à la couleur de la garance un fond plus riche et plus vif, et d'en augmenter la solidité. Tout le monde sait que le fil ou le coton trempé dans le sang, et séché, contracte une couleur qu'on a de la peine à enlever par l'eau; et aucun teinturier n'ignore que les cotons teints sans l'emploi du sang dans le garançage, prennent une couleur pâle, terne, sèche, qui n'est nullement comparable à celle que présentent les mêmes cotons lorsqu'on mêle du sang au garançage.

Le sang se corrompt aisément et il se décolore. Pendant l'été, on éprouve beaucoup de peine à le préserver de l'altération, quoiqu'on le conserve dans de grandes jarres enfouies dans la terre: je me suis bien trouvé d'y mêler, dans cette saison seulement, un peu de dissolution d'alun. Par ce moyen, on peut le préserver de toute dégénération pendant long-temps, sans lui rien ôter de ses vertus.

J'ai vu encore employer une légère infusion de noix de galle pour tenir lieu du sang: mais cette ressource ne peut pas être comparée à celle que présentent les colles et les autres extraits animaux.

DU CHOIX DE L'ALUN POUR LA TEINTURE DU COTON EN ROUGE,

CHAPITRE III.

Du Choix des Matières employées à la Teinture du Coton en rouge.

ARTICLE PREMIER.

Du Choix de la Garance pour la Teinture du Coton en rouge.

La garance, la plus généralement employée dans les ateliers de teinture en coton, est celle qu'on cultive dans le Midi de la France, sur-tout aux environs d'Avignon.

On expédie la garance dans des sacs de toile et en ballots du poids de 2 à 300 livres (10 à 15 myriagrammes).

On doit choisir, de préférence, les racines d'une grosseur médiocre, du diamètre d'un tuyau de plume, et dont la cassure offre une couleur vive, d'un jaune rougeâtre.

Les qualités de la garance proviennent, presqu'en entier, du terrain. Cette racine ne demande ni un terrain trop gras, ni un sol trop maigre: dans le premier cas, elle est trop abondante en principe extractif, elle se corrompt facilement, et se dessèche avec peine; dans le second, elle ne donne que des brindilles on des radicules, dont le tissu, dépourvu de suc, ne fournit presque pas de principe colorant.

Souvent des vues d'un intérêt mal entendu déterminent le cultivateur à arracher la garance à la fin de sa seconde année. Mais, à cet âge, elle n'a pas acquis encore la grosseur convenable, et la couleur n'a ni l'éclat ni la solidité

de celle qui a trois ans.

ARTICLE II.

Du Choix des Huiles pour la Teinture du Coton.

L'huile est, après la garance, la matière dont la consommation est la plus forte dans une teinture de coton: sans l'huile, la couleur de la garance est maigre et peu solide.

La beauté et l'uni de la couleur dépendent essentiellement de la qualité de l'huile, et il est reconnu, parmi les teinturiers, que la matière qui influe le plus puissamment sur les couleurs de garance, c'est l'huile. Aussi emploie-t-on les plus grands soins pour approvisionner un atelier de teinture d'une huile d'olive très-propre à la teinture.

L'huile grasse, ou celle qu'on retire de l'olive par le secours de l'eau chaude et d'une forte pression, est la seule qu'on emploie dans les teintures. Celle-ci diffère essentiellement de l'huile vierge, en ce que, dans l'huile vierge, le principe huileux y est presque pur, tandis que, dans les huiles de fabrique, l'extractif se trouve mêlé avec l'élément huileux, ce qui forme une espèce d'émulsion naturelle.

L'huile propre à la teinture nous est envoyée de la rivière de Gênes, sous le nom d'huile de teinture ou d'huile de fabrique: elle est expédiée dans des futailles qui en contiennent 10 à 12 quintaux (50 à 60 myriagrammes).

On achète aussi, pour le même usage, l'huile de Languedoc et de Provence, qui présente les mêmes avantages lorsqu'elle est extraite par les mêmes procédés.

Mais, très-souvent, on vend, pour huile de teinture, des huiles qui ne sont pas propres à ses opérations: et il importe que le teinturier puisse, d'après des essais faciles, s'assurer de la bonne ou de la mauvaise qualité de celle qu'on lui propose.

La préparation d'une lessive qu'on forme pour essayer une huile, n'est pas indifférente au résultat: en général, on prend de la bonne soude d'Alicante grossièrement concassée, sur laquelle on verse de l'eau pure; on laisse reposer pendant quelques heures, et, lorsque l'eau de soude marque un degré au pèse-liqueur de Baumé, on la mêle avec l'huile.

ARTICLE III.

Du Choix des Soudes pour la Teinture du Coton en rouge.

La soude est employée dans les premières opérations de la teinture en rouge et dans les dernières: dans celles-ci, elle sert à aviver les couleurs et à dépouiller les cotons de la portion du principe colorant qui n'y est pas

adhérente, tandis que, dans les premières opérations, elle est employée d'abord pour décruer le coton, et ensuite pour dissoudre l'huile et en rendre l'application facile et égale sur toutes les parties.

La consommation de la soude est donc très-considérable et très-importante dans une teinture en rouge, et un teinturier ne sauroit trop s'appliquer à faire choix d'une bonne et excellente qualité.

La première qualité de soude du commerce, est celle qui porte le nom de soude d'Alicante: elle nous arrive en gros blocs, du poids de 8 à 900 livres (40 à 45 myriagrammes), enveloppés dans des nattes de joncs.

Cette soude est très-dure, grise à l'extérieur, plus noire à l'intérieur: elle casse net; les fragmens présentent des arêtes très-vives et des angles très-tranchans.

La soude d'Alicante est la seule qu'on emploie dans la teinture en coton; mais il faut la conserver dans un lieu sec, pour qu'elle n'effleurisse pas; car, dans ce dernier état, on ne peut pas s'en servir en teinture.

Pour que la soude d'Alicante réunisse les propriétés qu'on doit désirer, il faut d'abord que la plante qui la fournit ne soit brûlée et coupée que lorsqu'elle est parvenue à une maturité parfaite; c'est-à-dire, vers la fin de l'été. Il paroît, en effet, que la soude n'est formée que lorsque la végétation de la plante a cessé: jusques-là, la soude qui provient de la combustion, quoiqu'ayant toutes les apparences extérieures de la bonne soude, n'en produit pas les effets.

On cultive, sur les bords de la Méditerranée, un salicor qui fournit une assez bonne soude, connue sous le nom de soude de Narbonne: néanmoins elle est très-inférieure à celle d'Alicante. On pourroit en remplacer la culture par la plante qui fournit la soude d'Alicante. Les expériences que j'ai faites, à ce sujet, ne laissent aucun doute, et l'on peut en voir les détails à l'article Soude de ma Chimie appliquée aux Arts.

Presque par-tout, sur les bords de la mer, on brûle les plantes salées qui y croissent, pour en former de la soude.

Dans le Midi, la soude qui provient de la combustion de presque toutes les plantes qui croissent sur les bords de la Méditerranée, entre le port de Cette et Aigues-Mortes, est connue sous le nom de blanquette.

Ces dernières qualités sont médiocres, et ne peuvent servir que pour des opérations peu délicates.

On connoît encore dans le commerce le natron et les cendres de Sicile, qui tiennent le milieu entre les soudes d'Espagne et les indigènes.

On pratique déjà, avec le plus grand succès, l'extraction de la soude par la décomposition du sulfate ou du muriate de soude, et l'on emploie par-tout, pour intermède, la craie ou le fer: mais, dans ce cas, la soude qui provient de ces opérations demande à être purifiée avec le plus grand scrupule avant d'être employée dans les teintures, car il est à craindre qu'il n'y reste quelques atomes de chaux ou de fer, et l'on sait que ces deux matières sont

deux ennemis perfides de la teinture en rouge.

ARTICLE IV.

Du Choix de l'Alun pour la Teinture du Coton en rouge.

On connoît plusieurs espèces d'alun dans le commerce: l'emploi de l'une ou de l'autre est presque indifférent dans les opérations de plusieurs arts, comme, par exemple, dans la teinture en laine, d'après les expériences faites aux Gobelins par MM. Thenard et Roard. Mais, dans la teinture en coton, l'observation a prouvé qu'on ne pouvoit pas se servir indistinctement de tous les aluns du commerce, sur-tout lorsqu'il s'agit d'obtenir des couleurs rouges qui aient beaucoup d'éclat. Le plus léger atome de fer nuance cette couleur et la fait tourner au violet.

Sans doute, le mélange des matières étrangères doit modifier l'effet de l'alun: ainsi quelques atomes de fer dissous dans ce sel doivent nécessairement altérer toutes les couleurs où l'alunage succède à l'opération de l'engallage: d'un autre côté, le sulfate de chaux qui peut se trouver mêlé en petite quantité avec le sulfate d'alumine, ternit et avine le rouge d'une manière frappante.

L'alun de Rome est, à peu de chose près, naturellement exempt de fer, parce que la pierre qui le fournit a déjà subi une calcination dans les entrailles de la terre, et qu'on lui en applique une seconde pour en faciliter la lixiviation, ce qui a l'avantage de décomposer les sulfates de fer.

La chimie est parvenue aujourd'hui à fabriquer l'alun de toutes pièces, par la combinaison directe de l'acide, de l'alumine et de la potasse. J'ai été un des premiers à former des établissemens de ce genre, et la simplicité de mes procédés m'a constamment permis de concourir avec les entrepreneurs de l'exploitation des mines d'alun. Je ne doute pas que, dans quelques années, l'alun de fabrique ne suffise à tous nos usages. On peut consulter ce que j'ai dit sur l'art de fabriquer l'alun, dans ma Chimie appliquée aux Arts.

ARTICLE V.

Du Choix de la Noix de galle pour la Teinture du Coton en rouge.

Le commerce connoît quatre principales qualités de noix de galle: 1°. les galles noires; 2°. les galles en sorte; 3°. la galle d'Istrie; 4°. les galles blanches et légères.

Les galles noires sont préférables à toutes les autres: elles sont de la grosseur de noisettes, de couleur d'un gris noirâtre, très-pesantes et très-difficiles à concasser. Elles donnent plus de fond et plus de solidité aux couleurs; mais elles sont plus chères et en même temps plus rares, sur-tout sans être

mélangées.

La galle d'Istrie est épineuse sur toute sa surface; elle est plus légère que les précédentes, et ne fournit ni le même fond de couleur, ni le même éclat.

La quatrième espèce de galle est celle du pays: elle vient abondamment en Provence, en Languedoc, sur-tout en Espagne. La surface est lisse; elle est plus grosse et plus légère qu'aucune des précédentes, l'enveloppe en est très-mince.

On ne peut employer ces deux dernières qualités, qu'en les mêlant avec les premières.

ARTICLE VI.

Du Choix du Sang pour la Teinture du Coton en rouge.

Le sang a le double avantage de donner à la couleur de la garance un fond plus riche et plus vif, et d'en augmenter la solidité. Tout le monde sait que le fil ou le coton trempé dans le sang, et séché, contracte une couleur qu'on a de la peine à enlever par l'eau; et aucun teinturier n'ignore que les cotons teints sans l'emploi du sang dans le garançage, prennent une couleur pâle, terne, sèche, qui n'est nullement comparable à celle que présentent les mêmes cotons lorsqu'on mêle du sang au garançage.

Le sang se corrompt aisément et il se décolore. Pendant l'été, on éprouve beaucoup de peine à le préserver de l'altération, quoiqu'on le conserve dans de grandes jarres enfouies dans la terre: je me suis bien trouvé d'y mêler, dans cette saison seulement, un peu de dissolution d'alun. Par ce moyen, on peut le préserver de toute dégénération pendant long-temps, sans lui rien ôter de ses vertus.

J'ai vu encore employer une légère infusion de noix de galle pour tenir lieu du sang: mais cette ressource ne peut pas être comparée à celle que présentent les colles et les autres extraits animaux.

DU CHOIX DE LA NOIX DE GALLE POUR LA TEINTURE DU COTON EN ROUGE,

CHAPITRE III.

Du Choix des Matières employées à la Teinture du Coton en rouge.

ARTICLE PREMIER.

Du Choix de la Garance pour la Teinture du Coton en rouge.

La garance, la plus généralement employée dans les ateliers de teinture en coton, est celle qu'on cultive dans le Midi de la France, sur-tout aux environs d'Avignon.

On expédie la garance dans des sacs de toile et en ballots du poids de 2 à 300 livres (10 à 15 myriagrammes).

On doit choisir, de préférence, les racines d'une grosseur médiocre, du diamètre d'un tuyau de plume, et dont la cassure offre une couleur vive, d'un jaune rougeâtre.

Les qualités de la garance proviennent, presqu'en entier, du terrain. Cette racine ne demande ni un terrain trop gras, ni un sol trop maigre: dans le premier cas, elle est trop abondante en principe extractif, elle se corrompt facilement, et se dessèche avec peine; dans le second, elle ne donne que des brindilles on des radicules, dont le tissu, dépourvu de suc, ne fournit presque pas de principe colorant.

Souvent des vues d'un intérêt mal entendu déterminent le cultivateur à arracher la garance à la fin de sa seconde année. Mais, à cet âge, elle n'a pas acquis encore la grosseur convenable, et la couleur n'a ni l'éclat ni la solidité

de celle qui a trois ans.

ARTICLE II.

Du Choix des Huiles pour la Teinture du Coton.

L'huile est, après la garance, la matière dont la consommation est la plus forte dans une teinture de coton: sans l'huile, la couleur de la garance est maigre et peu solide.

La beauté et l'uni de la couleur dépendent essentiellement de la qualité de l'huile, et il est reconnu, parmi les teinturiers, que la matière qui influe le plus puissamment sur les couleurs de garance, c'est l'huile. Aussi emploie-t-on les plus grands soins pour approvisionner un atelier de teinture d'une huile d'olive très-propre à la teinture.

L'huile grasse, ou celle qu'on retire de l'olive par le secours de l'eau chaude et d'une forte pression, est la seule qu'on emploie dans les teintures. Celle-ci diffère essentiellement de l'huile vierge, en ce que, dans l'huile vierge, le principe huileux y est presque pur, tandis que, dans les huiles de fabrique, l'extractif se trouve mêlé avec l'élément huileux, ce qui forme une espèce d'émulsion naturelle.

L'huile propre à la teinture nous est envoyée de la rivière de Gênes, sous le nom d'huile de teinture ou d'huile de fabrique: elle est expédiée dans des futailles qui en contiennent 10 à 12 quintaux (50 à 60 myriagrammes).

On achète aussi, pour le même usage, l'huile de Languedoc et de Provence, qui présente les mêmes avantages lorsqu'elle est extraite par les mêmes procédés.

Mais, très-souvent, on vend, pour huile de teinture, des huiles qui ne sont pas propres à ses opérations: et il importe que le teinturier puisse, d'après des essais faciles, s'assurer de la bonne ou de la mauvaise qualité de celle qu'on lui propose.

La préparation d'une lessive qu'on forme pour essayer une huile, n'est pas indifférente au résultat: en général, on prend de la bonne soude d'Alicante grossièrement concassée, sur laquelle on verse de l'eau pure; on laisse reposer pendant quelques heures, et, lorsque l'eau de soude marque un degré au pèse-liqueur de Baumé, on la mêle avec l'huile.

ARTICLE III.

Du Choix des Soudes pour la Teinture du Coton en rouge.

La soude est employée dans les premières opérations de la teinture en rouge et dans les dernières: dans celles-ci, elle sert à aviver les couleurs et à dépouiller les cotons de la portion du principe colorant qui n'y est pas

adhérente, tandis que, dans les premières opérations, elle est employée d'abord pour décruer le coton, et ensuite pour dissoudre l'huile et en rendre l'application facile et égale sur toutes les parties.

La consommation de la soude est donc très-considérable et très-importante dans une teinture en rouge, et un teinturier ne sauroit trop s'appliquer à faire choix d'une bonne et excellente qualité.

La première qualité de soude du commerce, est celle qui porte le nom de soude d'Alicante: elle nous arrive en gros blocs, du poids de 8 à 900 livres (40 à 45 myriagrammes), enveloppés dans des nattes de joncs.

Cette soude est très-dure, grise à l'extérieur, plus noire à l'intérieur: elle casse net; les fragmens présentent des arêtes très-vives et des angles très-tranchans.

La soude d'Alicante est la seule qu'on emploie dans la teinture en coton; mais il faut la conserver dans un lieu sec, pour qu'elle n'effleurisse pas; car, dans ce dernier état, on ne peut pas s'en servir en teinture.

Pour que la soude d'Alicante réunisse les propriétés qu'on doit désirer, il faut d'abord que la plante qui la fournit ne soit brûlée et coupée que lorsqu'elle est parvenue à une maturité parfaite; c'est-à-dire, vers la fin de l'été. Il paroît, en effet, que la soude n'est formée que lorsque la végétation de la plante a cessé: jusques-là, la soude qui provient de la combustion, quoiqu'ayant toutes les apparences extérieures de la bonne soude, n'en produit pas les effets.

On cultive, sur les bords de la Méditerranée, un salicor qui fournit une assez bonne soude, connue sous le nom de soude de Narbonne: néanmoins elle est très-inférieure à celle d'Alicante. On pourroit en remplacer la culture par la plante qui fournit la soude d'Alicante. Les expériences que j'ai faites, à ce sujet, ne laissent aucun doute, et l'on peut en voir les détails à l'article Soude de ma Chimie appliquée aux Arts.

Presque par-tout, sur les bords de la mer, on brûle les plantes salées qui y croissent, pour en former de la soude.

Dans le Midi, la soude qui provient de la combustion de presque toutes les plantes qui croissent sur les bords de la Méditerranée, entre le port de Cette et Aigues-Mortes, est connue sous le nom de blanquette.

Ces dernières qualités sont médiocres, et ne peuvent servir que pour des opérations peu délicates.

On connoît encore dans le commerce le natron et les cendres de Sicile, qui tiennent le milieu entre les soudes d'Espagne et les indigènes.

On pratique déjà, avec le plus grand succès, l'extraction de la soude par la décomposition du sulfate ou du muriate de soude, et l'on emploie par-tout, pour intermède, la craie ou le fer: mais, dans ce cas, la soude qui provient de ces opérations demande à être purifiée avec le plus grand scrupule avant d'être employée dans les teintures, car il est à craindre qu'il n'y reste quelques atomes de chaux ou de fer, et l'on sait que ces deux matières sont

deux ennemis perfides de la teinture en rouge.

ARTICLE IV.

Du Choix de l'Alun pour la Teinture du Coton en rouge.

On connoît plusieurs espèces d'alun dans le commerce: l'emploi de l'une ou de l'autre est presque indifférent dans les opérations de plusieurs arts, comme, par exemple, dans la teinture en laine, d'après les expériences faites aux Gobelins par MM. Thenard et Roard. Mais, dans la teinture en coton, l'observation a prouvé qu'on ne pouvoit pas se servir indistinctement de tous les aluns du commerce, sur-tout lorsqu'il s'agit d'obtenir des couleurs rouges qui aient beaucoup d'éclat. Le plus léger atome de fer nuance cette couleur et la fait tourner au violet.

Sans doute, le mélange des matières étrangères doit modifier l'effet de l'alun: ainsi quelques atomes de fer dissous dans ce sel doivent nécessairement altérer toutes les couleurs où l'alunage succède à l'opération de l'engallage: d'un autre côté, le sulfate de chaux qui peut se trouver mêlé en petite quantité avec le sulfate d'alumine, ternit et avine le rouge d'une manière frappante.

L'alun de Rome est, à peu de chose près, naturellement exempt de fer, parce que la pierre qui le fournit a déjà subi une calcination dans les entrailles de la terre, et qu'on lui en applique une seconde pour en faciliter la lixiviation, ce qui a l'avantage de décomposer les sulfates de fer.

La chimie est parvenue aujourd'hui à fabriquer l'alun de toutes pièces, par la combinaison directe de l'acide, de l'alumine et de la potasse. J'ai été un des premiers à former des établissemens de ce genre, et la simplicité de mes procédés m'a constamment permis de concourir avec les entrepreneurs de l'exploitation des mines d'alun. Je ne doute pas que, dans quelques années, l'alun de fabrique ne suffise à tous nos usages. On peut consulter ce que j'ai dit sur l'art de fabriquer l'alun, dans ma Chimie appliquée aux Arts.

ARTICLE V.

Du Choix de la Noix de galle pour la Teinture du Coton en rouge.

Le commerce connoît quatre principales qualités de noix de galle: 1°. les galles noires; 2°. les galles en sorte; 3°. la galle d'Istrie; 4°. les galles blanches et légères.

Les galles noires sont préférables à toutes les autres: elles sont de la grosseur de noisettes, de couleur d'un gris noirâtre, très-pesantes et très-difficiles à concasser. Elles donnent plus de fond et plus de solidité aux couleurs; mais elles sont plus chères et en même temps plus rares, sur-tout sans être

mélangées.

La galle d'Istrie est épineuse sur toute sa surface; elle est plus légère que les précédentes, et ne fournit ni le même fond de couleur, ni le même éclat.

La quatrième espèce de galle est celle du pays: elle vient abondamment en Provence, en Languedoc, sur-tout en Espagne. La surface est lisse; elle est plus grosse et plus légère qu'aucune des précédentes, l'enveloppe en est très-mince.

On ne peut employer ces deux dernières qualités, qu'en les mêlant avec les premières.

ARTICLE VI.

Du Choix du Sang pour la Teinture du Coton en rouge.

Le sang a le double avantage de donner à la couleur de la garance un fond plus riche et plus vif, et d'en augmenter la solidité. Tout le monde sait que le fil ou le coton trempé dans le sang, et séché, contracte une couleur qu'on a de la peine à enlever par l'eau; et aucun teinturier n'ignore que les cotons teints sans l'emploi du sang dans le garançage, prennent une couleur pâle, terne, sèche, qui n'est nullement comparable à celle que présentent les mêmes cotons lorsqu'on mêle du sang au garançage.

Le sang se corrompt aisément et il se décolore. Pendant l'été, on éprouve beaucoup de peine à le préserver de l'altération, quoiqu'on le conserve dans de grandes jarres enfouies dans la terre: je me suis bien trouvé d'y mêler, dans cette saison seulement, un peu de dissolution d'alun. Par ce moyen, on peut le préserver de toute dégénération pendant long-temps, sans lui rien ôter de ses vertus.

J'ai vu encore employer une légère infusion de noix de galle pour tenir lieu du sang: mais cette ressource ne peut pas être comparée à celle que présentent les colles et les autres extraits animaux.

DU CHOIX DU SANG POUR LA TEINTURE DU COTON EN ROUGE,

CHAPITRE III.

Du Choix des Matières employées à la Teinture du Coton en rouge.

ARTICLE PREMIER.

Du Choix de la Garance pour la Teinture du Coton en rouge.

La garance, la plus généralement employée dans les ateliers de teinture en coton, est celle qu'on cultive dans le Midi de la France, sur-tout aux environs d'Avignon.

On expédie la garance dans des sacs de toile et en ballots du poids de 2 à 300 livres (10 à 15 myriagrammes).

On doit choisir, de préférence, les racines d'une grosseur médiocre, du diamètre d'un tuyau de plume, et dont la cassure offre une couleur vive, d'un jaune rougeâtre.

Les qualités de la garance proviennent, presqu'en entier, du terrain. Cette racine ne demande ni un terrain trop gras, ni un sol trop maigre: dans le premier cas, elle est trop abondante en principe extractif, elle se corrompt facilement, et se dessèche avec peine; dans le second, elle ne donne que des brindilles on des radicules, dont le tissu, dépourvu de suc, ne fournit presque pas de principe colorant.

Souvent des vues d'un intérêt mal entendu déterminent le cultivateur à arracher la garance à la fin de sa seconde année. Mais, à cet âge, elle n'a pas acquis encore la grosseur convenable, et la couleur n'a ni l'éclat ni la solidité

de celle qui a trois ans.

ARTICLE II.

Du Choix des Huiles pour la Teinture du Coton.

L'huile est, après la garance, la matière dont la consommation est la plus forte dans une teinture de coton: sans l'huile, la couleur de la garance est maigre et peu solide.

La beauté et l'uni de la couleur dépendent essentiellement de la qualité de l'huile, et il est reconnu, parmi les teinturiers, que la matière qui influe le plus puissamment sur les couleurs de garance, c'est l'huile. Aussi emploie-t-on les plus grands soins pour approvisionner un atelier de teinture d'une huile d'olive très-propre à la teinture.

L'huile grasse, ou celle qu'on retire de l'olive par le secours de l'eau chaude et d'une forte pression, est la seule qu'on emploie dans les teintures. Celle-ci diffère essentiellement de l'huile vierge, en ce que, dans l'huile vierge, le principe huileux y est presque pur, tandis que, dans les huiles de fabrique, l'extractif se trouve mêlé avec l'élément huileux, ce qui forme une espèce d'émulsion naturelle.

L'huile propre à la teinture nous est envoyée de la rivière de Gênes, sous le nom d'huile de teinture ou d'huile de fabrique: elle est expédiée dans des futailles qui en contiennent 10 à 12 quintaux (50 à 60 myriagrammes).

On achète aussi, pour le même usage, l'huile de Languedoc et de Provence, qui présente les mêmes avantages lorsqu'elle est extraite par les mêmes procédés.

Mais, très-souvent, on vend, pour huile de teinture, des huiles qui ne sont pas propres à ses opérations: et il importe que le teinturier puisse, d'après des essais faciles, s'assurer de la bonne ou de la mauvaise qualité de celle qu'on lui propose.

La préparation d'une lessive qu'on forme pour essayer une huile, n'est pas indifférente au résultat: en général, on prend de la bonne soude d'Alicante grossièrement concassée, sur laquelle on verse de l'eau pure; on laisse reposer pendant quelques heures, et, lorsque l'eau de soude marque un degré au pèse-liqueur de Baumé, on la mêle avec l'huile.

ARTICLE III.

Du Choix des Soudes pour la Teinture du Coton en rouge.

La soude est employée dans les premières opérations de la teinture en rouge et dans les dernières: dans celles-ci, elle sert à aviver les couleurs et à dépouiller les cotons de la portion du principe colorant qui n'y est pas

adhérente, tandis que, dans les premières opérations, elle est employée d'abord pour décruer le coton, et ensuite pour dissoudre l'huile et en rendre l'application facile et égale sur toutes les parties.

La consommation de la soude est donc très-considérable et très-importante dans une teinture en rouge, et un teinturier ne sauroit trop s'appliquer à faire choix d'une bonne et excellente qualité.

La première qualité de soude du commerce, est celle qui porte le nom de soude d'Alicante: elle nous arrive en gros blocs, du poids de 8 à 900 livres (40 à 45 myriagrammes), enveloppés dans des nattes de joncs.

Cette soude est très-dure, grise à l'extérieur, plus noire à l'intérieur: elle casse net; les fragmens présentent des arêtes très-vives et des angles très-tranchans.

La soude d'Alicante est la seule qu'on emploie dans la teinture en coton; mais il faut la conserver dans un lieu sec, pour qu'elle n'effleurisse pas; car, dans ce dernier état, on ne peut pas s'en servir en teinture.

Pour que la soude d'Alicante réunisse les propriétés qu'on doit désirer, il faut d'abord que la plante qui la fournit ne soit brûlée et coupée que lorsqu'elle est parvenue à une maturité parfaite; c'est-à-dire, vers la fin de l'été. Il paroît, en effet, que la soude n'est formée que lorsque la végétation de la plante a cessé: jusques-là, la soude qui provient de la combustion, quoiqu'ayant toutes les apparences extérieures de la bonne soude, n'en produit pas les effets.

On cultive, sur les bords de la Méditerranée, un salicor qui fournit une assez bonne soude, connue sous le nom de soude de Narbonne: néanmoins elle est très-inférieure à celle d'Alicante. On pourroit en remplacer la culture par la plante qui fournit la soude d'Alicante. Les expériences que j'ai faites, à ce sujet, ne laissent aucun doute, et l'on peut en voir les détails à l'article Soude de ma Chimie appliquée aux Arts.

Presque par-tout, sur les bords de la mer, on brûle les plantes salées qui y croissent, pour en former de la soude.

Dans le Midi, la soude qui provient de la combustion de presque toutes les plantes qui croissent sur les bords de la Méditerranée, entre le port de Cette et Aigues-Mortes, est connue sous le nom de blanquette.

Ces dernières qualités sont médiocres, et ne peuvent servir que pour des opérations peu délicates.

On connoît encore dans le commerce le natron et les cendres de Sicile, qui tiennent le milieu entre les soudes d'Espagne et les indigènes.

On pratique déjà, avec le plus grand succès, l'extraction de la soude par la décomposition du sulfate ou du muriate de soude, et l'on emploie par-tout, pour intermède, la craie ou le fer: mais, dans ce cas, la soude qui provient de ces opérations demande à être purifiée avec le plus grand scrupule avant d'être employée dans les teintures, car il est à craindre qu'il n'y reste quelques atomes de chaux ou de fer, et l'on sait que ces deux matières sont

deux ennemis perfides de la teinture en rouge.

ARTICLE IV.

Du Choix de l'Alun pour la Teinture du Coton en rouge.

On connoît plusieurs espèces d'alun dans le commerce: l'emploi de l'une ou de l'autre est presque indifférent dans les opérations de plusieurs arts, comme, par exemple, dans la teinture en laine, d'après les expériences faites aux Gobelins par MM. Thenard et Roard. Mais, dans la teinture en coton, l'observation a prouvé qu'on ne pouvoit pas se servir indistinctement de tous les aluns du commerce, sur-tout lorsqu'il s'agit d'obtenir des couleurs rouges qui aient beaucoup d'éclat. Le plus léger atome de fer nuance cette couleur et la fait tourner au violet.

Sans doute, le mélange des matières étrangères doit modifier l'effet de l'alun: ainsi quelques atomes de fer dissous dans ce sel doivent nécessairement altérer toutes les couleurs où l'alunage succède à l'opération de l'engallage: d'un autre côté, le sulfate de chaux qui peut se trouver mêlé en petite quantité avec le sulfate d'alumine, ternit et avine le rouge d'une manière frappante.

L'alun de Rome est, à peu de chose près, naturellement exempt de fer, parce que la pierre qui le fournit a déjà subi une calcination dans les entrailles de la terre, et qu'on lui en applique une seconde pour en faciliter la lixiviation, ce qui a l'avantage de décomposer les sulfates de fer.

La chimie est parvenue aujourd'hui à fabriquer l'alun de toutes pièces, par la combinaison directe de l'acide, de l'alumine et de la potasse. J'ai été un des premiers à former des établissemens de ce genre, et la simplicité de mes procédés m'a constamment permis de concourir avec les entrepreneurs de l'exploitation des mines d'alun. Je ne doute pas que, dans quelques années, l'alun de fabrique ne suffise à tous nos usages. On peut consulter ce que j'ai dit sur l'art de fabriquer l'alun, dans ma Chimie appliquée aux Arts.

ARTICLE V.

Du Choix de la Noix de galle pour la Teinture du Coton en rouge.

Le commerce connoît quatre principales qualités de noix de galle: 1°. les galles noires; 2°. les galles en sorte; 3°. la galle d'Istrie; 4°. les galles blanches et légères.

Les galles noires sont préférables à toutes les autres: elles sont de la grosseur de noisettes, de couleur d'un gris noirâtre, très-pesantes et très-difficiles à concasser. Elles donnent plus de fond et plus de solidité aux couleurs; mais elles sont plus chères et en même temps plus rares, sur-tout sans être

mélangées.

La galle d'Istrie est épineuse sur toute sa surface; elle est plus légère que les précédentes, et ne fournit ni le même fond de couleur, ni le même éclat.

La quatrième espèce de galle est celle du pays: elle vient abondamment en Provence, en Languedoc, sur-tout en Espagne. La surface est lisse; elle est plus grosse et plus légère qu'aucune des précédentes, l'enveloppe en est très-mince.

On ne peut employer ces deux dernières qualités, qu'en les mêlant avec les premières.

ARTICLE VI.

Du Choix du Sang pour la Teinture du Coton en rouge.

Le sang a le double avantage de donner à la couleur de la garance un fond plus riche et plus vif, et d'en augmenter la solidité. Tout le monde sait que le fil ou le coton trempé dans le sang, et séché, contracte une couleur qu'on a de la peine à enlever par l'eau; et aucun teinturier n'ignore que les cotons teints sans l'emploi du sang dans le garançage, prennent une couleur pâle, terne, sèche, qui n'est nullement comparable à celle que présentent les mêmes cotons lorsqu'on mêle du sang au garançage.

Le sang se corrompt aisément et il se décolore. Pendant l'été, on éprouve beaucoup de peine à le préserver de l'altération, quoiqu'on le conserve dans de grandes jarres enfouies dans la terre: je me suis bien trouvé d'y mêler, dans cette saison seulement, un peu de dissolution d'alun. Par ce moyen, on peut le préserver de toute dégénération pendant long-temps, sans lui rien ôter de ses vertus.

J'ai vu encore employer une légère infusion de noix de galle pour tenir lieu du sang: mais cette ressource ne peut pas être comparée à celle que présentent les colles et les autres extraits animaux.

DES RÉGLEMENS QU'IL CONVIENT D'ÉTABLIR DANS UN ATELIER DE TEINTURE EN COTON,

CHAPITRE IV.

Pour disposer le coton à la teinture, et en rendre le travail plus facile, on est obligé de couper les premiers liens de chaque écheveau, et de les remplacer par des liens plus lâches; sans cela, le coton sortiroit chiné du bain de teinture, parce que les mordans et la couleur ne pourroient pas pénétrer sous les liens.

On est dans l'usage d'associer deux ouvriers au même travail, et de leur confier une quantité suffisante de coton, sur laquelle ils opèrent chaque jour jusqu'à ce que la teinture soit parfaite: ces deux ouvriers peuvent conduire aisément à-la-fois quatre parties de coton de 200 livres chacune. On leur adjoint ordinairement une femme, tant pour les aider à transporter les cotons des salles à l'étendage et au lavoir, que pour surveiller et travailler ces mêmes cotons à l'étendage et dans les salles, à mesure que les ouvriers les passent aux apprêts et aux mordans.

Lorsqu'on délivre une partie de coton, on donne à l'ouvrier une carte qui porte la date du jour, le numéro du coton, l'indication de la couleur, etc. et l'ouvrier a l'attention de placer cette carte sur les jarres de lessive, qui sont affectées à cette partie de coton; de sorte qu'il ne peut jamais y avoir ni erreur, ni désordre.

Lorsqu'on considère l'énorme quantité de coton qu'on mène de front dans un atelier, le grand nombre d'opérations qu'on fait subir à chaque partie, les transports et les déplacemens fréquens qui ont lieu, on doit craindre, à chaque instant, qu'il n'y ait mélange ou confusion, que les apprêts destinés pour une partie ne soient donnés à une autre, en un mot, qu'on ne change ou n'intervertisse l'ordre des opérations. On doit donc être peu étonné de voir que nous insistons sur de petits détails en apparence.

Il m'a paru constamment que le seul moyen de traiter avec l'ouvrier, de manière à concilier son intérêt et celui du fabricant, étoit de convenir avec lui d'un traitement fixe pour un temps déterminé: dans cette position, l'ouvrier se met à la disposition du chef de la fabrique, il se conforme sans répugnance à ses volontés; et, s'il fait moins de travail, il le fait du moins toujours à propos.

La couleur bien unie qu'on obtient si rarement dans la teinture du coton en rouge dépend essentiellement du degré d'habileté avec laquelle l'ouvrier manipule les cotons: cet art des manipulations présente bien des difficultés, et il faut un assez long apprentissage pour former un bon ouvrier en ce genre.

1°. La manipulation du coton aux apprêts et aux mordans.

2°. La manipulation à l'étendage.

3°. La manipulation au lavoir.

4°. La manipulation au garançage et à l'avivage.

1°. Lorsqu'on passe les cotons aux apprêts ou aux mordans, il faut en imprégner tous les fils bien également, et les exprimer ensuite de façon qu'ils restent tous mouillés au même degré; sans cela, la couleur ne présentera qu'une bigarrure.

Cela fait, il dépose un des deux mateaux sur le bord de la terrine, prend l'autre avec les deux mains et en exprime une partie avec force. En cet état, il l'accroche à la cheville par la partie exprimée; et, en prenant le mateau avec les deux mains, par l'autre extrémité, il le tord et en exprime tout le mordant qui y est en excès. Voyez fig. 4, pl. 4.

À mesure que les deux ouvriers passent leur coton, la femme qui est associée à leurs travaux, prend les mateaux, en saisit un de chaque main, les agite circulairement dans l'air, et les laisse tomber sur la table sans effort, mais sans les abandonner; elle tord ensuite un des bouts, et les empile sur un bout de la table, pour les y laisser jusqu'au lendemain. On appelle cette dernière opération, dans le Midi, friser le coton, ouvrir le coton. Voyez fig. 5, pl 4.

Malgré ces précautions, le coton sécheroit inégalement si on n'avoit pas l'attention de retourner de temps en temps les barres sur elles-mêmes, pour que le coton présente successivement au soleil toutes ses surfaces.

3°. Le coton qu'on doit laver est ou sec ou humide: il est sec dans les deux cas suivans: 1°. lorsqu'on le lave pour le tirer ou le sortir de ses huiles; 2°. lorsqu'après l'alunage on le lave encore pour le porter au garançage. Il est humide lorsqu'après le garançage, ou l'avivage, on le porte à l'eau pour le nettoyer ou le dégorger.

Dans le second cas, il ne s'agit que de présenter le coton au courant de l'eau, et de l'y agiter jusqu'à ce qu'elle n'en soit plus colorée.

Dans les deux cas, on exprime le coton à l'aide de chevilles qui sont disposées sur le bord du lavoir.

Lorsque le bain de garance est tiède, on y plonge le coton passé dans les barres. On en met jusqu'à 76 livres (36 kilogrammes environ) par garançage, dans les chaudières dont nous avons déjà fait connoître les dimensions.

On retourne le coton avec soin, en allant d'une extrémité de la chaudière à l'autre: à cet effet, deux hommes soulèvent chaque barre en la prenant d'une main par les deux bouts, et l'un d'eux passe un bâton pointu dans le coton, en glissant sous la barre, tandis que l'autre prend le bâton par l'autre bout: ils soulèvent alors le coton qu'ils changent de place en le faisant tourner sur la barre.

Cette manipulation s'exécute sans interruption, jusqu'à ce que le bain soit en ébullition. Alors on passe des barres plus fortes dans les cordes, on appuie ces barres sur la chaudière, et on entretient l'ébullition, en observant de faire plonger le coton dès qu'il se montre à la surface.

On doit encore observer que, pour que le coton ne se mêle pas dans l'opération du décrûment, ou dans l'avivage, on prend un quart de coton, on le passe dans les autres trois quarts, et replie les deux extrémités de ces derniers, qu'on passe dans le reste du mateau. Par ce moyen, les mateaux tournent dans la chaudière, y sont agités en tout sens sans se mêler.

DES PRÉPARATIONS DU COTON POUR LA TEINTURE EN ROUGE,

CHAPITRE V.

Des Préparations du Coton pour la Teinture en rouge.
Je commencerai par décrire le procédé que j'ai constamment pratiqué dans mes ateliers; je n'en ai pas connu jusqu'ici qui ait donné ni de plus belles, ni de plus vives, ni de plus solides couleurs.

ARTICLE PREMIER.

Des Apprêts dans la Teinture du Coton en Rouge.

Les apprêts se donnent au coton avec des liqueurs savonneuses: mais, pour le rendre plus perméable à ces liqueurs, on commence par le décruer. Sans cette opération préalable, le coton s'imprègne difficilement et très-inégalement, de manière qu'on obtient des couleurs nuancées de plusieurs teintes.

On emploie ordinairement pour le décrûment les soudes qui ont servi dans la préparation des apprêts; de cette manière, on les épuise de tout l'alkali qu'elles peuvent contenir. La lessive doit être très-claire; sans cela, le coton prend une teinte grisâtre qu'il perd difficilement.

On se sert assez généralement d'une chaudière de garançage pour décruer le coton; et on fait succéder cette opération à une opération de garançage, parce que, par ce moyen, il y a économie de combustible.

Il est à observer que les cotons filés aux mécaniques ont moins besoin de décrûment que les cotons filés à la main: la raison en est que les premiers

ont déjà reçu un véritable décrûment dans la liqueur savonneuse par laquelle on les dispose à la filature.

Le premier apprêt, qu'on nomme aussi la première huile, se prépare de la manière suivante:

En supposant toujours que chaque partie de coton est du poids de 200 livres (10 myriagrammes), le chef-ouvrier verse dans la jarre où se compose ce premier apprêt, environ 300 livres (15 myriagrammes) de lessive de soude très-claire, et marquant un à deux degrés au pèse-liqueur de Baumé. (On doit s'être assuré d'avance que cette lessive se mêle bien à l'huile.) Il mêle à cette lessive 20 livres (un myriag.) d'huile, et il agite avec soin le mélange pour opérer une bonne combinaison. Il délaie ensuite avec un peu de lessive environ 25 livres (12 kilogrammes) de la liqueur qui se trouve dans les premières poches de l'estomac des animaux ruminans, il verse le tout dans la jarre qui contient la liqueur savonneuse, et remue avec beaucoup de soin pour opérer un mélange parfait.

On laisse le coton dans la salle aux apprêts jusqu'au lendemain.

On le porte à l'étendage pour le faire sécher; et, lorsqu'il est sec, on le passe à une lessive de soude, marquant un degré et demi ou deux degrés au plus.

Après l'avoir séché une seconde fois, on le passe à une autre lessive, marquant deux degrés.

Il est à observer qu'on gradue successivement la force des lessives, en l'augmentant de demi-degré à chaque passe.

Cette opération est extrêmement importante: le coton doit être convenablement dépouillé sans être appauvri. Si le lavage n'entraîne pas tout ce qui n'est pas adhérent au tissu, on emploie ensuite, à pure perte et au détriment de la couleur, une grande partie des mordans, parce qu'ils se portent sur un corps qui, n'étant pas uni au coton, s'en échappera par les lavages; si le lavage est trop fort, on enlève une partie de l'apprêt qui adhère au tissu, et la couleur en devient ensuite maigre et sèche; si le lavage est fait avec peu de soin, le coton est dépouillé d'une manière inégale, ce qui rend la couleur nuancée.

ARTICLE II.

Des Mordans dans la Teinture des Cotons en rouge.

J'appelle mordans, l'alun et la noix de galle, sans lesquels le coton ne prend pas une teinture solide ni nourrie.

L'engallage se donne avant l'alunage.

Pour engaller une partie de coton de 200 livres (10 myriagrammes), on fait bouillir 20 livres (un myriagramme) de noix de galle en sorte concassée, dans environ 200 livres (10 myriagrammes) d'une infusion de 30 livres (15 kilogrammes) de sumach. Après demi-heure d'ébullition, on verse dans le

bain 100 livres (5 myriagrammes) d'eau froide, on retire le feu du fourneau, et on passe le coton dans les terrines, comme pour les apprêts, du moment que l'ouvrier peut supporter la chaleur du bain.

Le coton engallé sèche assez promptement, et, dès qu'il est sec, on procède à l'alunage.

Il suffiroit, sans doute, d'un bon lavage pour extraire les principes qui appartiennent à la noix de galle; mais l'alun qui s'est formé en cristaux dans le tissu du fil, se dissout difficilement à l'eau froide, et on ne peut séparer ces cristaux qu'en frappant fortement le coton sur une pierre après l'avoir bien mouillé. Dans quelques fabriques, on emploie une masse ou batte pour dégorger le coton, comme lorsqu'on blanchit le linge.

Après cette troisième huile, on passe le coton à trois lessives, dont la plus faible marque deux degrés; la seconde trois, et la troisième quatre.

Cette troisième huile et ces lessives subséquentes, se donnent avec les mêmes soins et par les mêmes procédés que les premières.

On sèche le coton chaque fois.

On lave ensuite le coton pour le tirer de l'huile.

Après quoi, on engalle avec 15 livres (7 kilogrammes) de galle sans sumach.

On alune avec 20 livres (10 kilogrammes) d'alun de Rome.

On lave avec le même soin que la première fois; et le coton séché se trouve, en cet état, disposé à être garancé.

Cette dernière méthode abrège l'opération de trois ou quatre jours, et donne de belles couleurs: néanmoins je préfère la première, parce que j'ai observé que les couleurs sont plus unies, plus vives et plus nourries.

ARTICLE III.

Du Garançage dans la Teinture du Coton en rouge.

On prend 2 livres à 2 livres et demie de bonne garance par chaque livre de coton; on mêle cette garance moulue avec du sang qu'on emploie dans la proportion de demi-livre par livre de coton; le mélange se fait, à la main, dans un cuvier; on délaie cette pâte dans l'eau de la chaudière de garançage; et, dès que le bain est tiède, on y plonge le coton, qu'on y travaille pendant une heure sans porter à l'ébullition, mais en élevant graduellement la chaleur.

Du moment que le bain entre en ébullition, on met le coton en cordes, et on l'abandonne dans le bain, qu'on tient en ébullition pendant une heure.

ARTICLE IV.

De l'Avivage dans la Teinture du Coton en rouge.

Le coton sortant du garançage a une couleur si sombre, si obscure, qu'il est impossible de l'employer dans cet état. Il est d'ailleurs chargé d'une portion de principe colorant qui n'adhère que foiblement à l'étoffe, et dont il importe de le débarrasser. C'est par l'opération de l'avivage qu'on remplit ces fins.

Pour aviver le coton, on se sert de chaudières de cuivre, dont l'orifice circulaire puisse recevoir un couvercle qui s'y adapte exactement: on les remplit, aux deux tiers, d'une lessive de soude marquant deux degrés; on chauffe la lessive, et on y fait dissoudre 20 livres (10 kilogrammes) de savon blanc coupé en tranches très-minces; on agite le liquide pour faciliter la dissolution.

Comme l'effort du liquide en ébullition, détermineroit infailliblement une explosion, si on ne donnoit pas une légère issue aux vapeurs, on pratique une ouverture de quelques lignes (d'environ un centimètre) au milieu du couvercle.

L'ébullition continue pendant huit à douze heures, plus ou moins long-temps, selon que la lessive est plus ou moins forte, et la couleur du coton plus ou moins foncée.

On lave le coton au sortir de l'avivage, et déjà on pourroit, après l'avoir séché, le mettre dans le commerce. Mais, si l'on desire donner à la couleur tout l'éclat dont elle est susceptible, il faut faire subir encore au coton deux opérations; et, dans ce cas, il faut donner le premier avivage dont nous venons de parler, avec la lessive de soude sans savon, ou simplement avec 10 livres (5 kilogrammes) au lieu de 20.

La première des opérations qu'on donne au coton après ce premier avivage, consiste à l'aviver une seconde fois dans un bain d'eau foiblement aiguisée par une petite quantité de lessive, et dans laquelle on fait fondre 25 livres (12 kilogrammes) de savon. L'ébullition dure quatre à six heures, selon que la couleur est plus ou moins chargée.

Je prends l'acide nitrique pur, à 32 degrés au pèse-liqueur de Baumé, j'y fais dissoudre à froid une once (environ trois décagrammes) de sel ammoniaque raffiné par livre d'acide: la dissolution se fait peu à peu; et, lorsqu'elle est terminée, je mets, dans le bain, de l'étain en baguette, dans la proportion d'un seizième du poids de l'acide: la dissolution se fait aisément. J'ajoute de l'étain jusqu'à ce que la dissolution soit opale.

On lave les cotons à une eau vive et courante, on les sèche, et toutes les opérations de teinture sont terminées.

On peut donner aux fils de lin et de chanvre, une couleur presqu'aussi brillante qu'au coton, mais elle est moins nourrie; et il faut un plus grand nombre d'opérations, et répéter plusieurs fois l'action des apprêts et des mordans pour lui donner de l'intensité. Il faut même employer des lessives très-fortes; sans quoi, les apprêts et les mordans ne pénètrent point.

Le fil de lin prend plus aisément la couleur que celui de chanvre.

Il n'est peut-être pas inutile d'observer encore qu'on peut teindre les étoffes ou tissus de coton par le même procédé que nous venons de décrire: on n'a à craindre que d'obtenir des couleurs mal unies; mais l'on parvient à éviter cet inconvénient en travaillant avec soin l'étoffe, tant dans les apprêts, que dans les mordans et le garançage.

DES APPRÊTS DANS LA TEINTURE DU COTON EN ROUGE,

CHAPITRE V.

Des Préparations du Coton pour la Teinture en rouge.
Je commencerai par décrire le procédé que j'ai constamment pratiqué dans mes ateliers; je n'en ai pas connu jusqu'ici qui ait donné ni de plus belles, ni de plus vives, ni de plus solides couleurs.

ARTICLE PREMIER.

Des Apprêts dans la Teinture du Coton en Rouge.

Les apprêts se donnent au coton avec des liqueurs savonneuses: mais, pour le rendre plus perméable à ces liqueurs, on commence par le décruer. Sans cette opération préalable, le coton s'imprègne difficilement et très-inégalement, de manière qu'on obtient des couleurs nuancées de plusieurs teintes.

On emploie ordinairement pour le décrûment les soudes qui ont servi dans la préparation des apprêts; de cette manière, on les épuise de tout l'alkali qu'elles peuvent contenir. La lessive doit être très-claire; sans cela, le coton prend une teinte grisâtre qu'il perd difficilement.

On se sert assez généralement d'une chaudière de garançage pour décruer le coton; et on fait succéder cette opération à une opération de garançage, parce que, par ce moyen, il y a économie de combustible.

Il est à observer que les cotons filés aux mécaniques ont moins besoin de décrûment que les cotons filés à la main: la raison en est que les premiers

ont déjà reçu un véritable décrûment dans la liqueur savonneuse par laquelle on les dispose à la filature.

Le premier apprêt, qu'on nomme aussi la première huile, se prépare de la manière suivante:

En supposant toujours que chaque partie de coton est du poids de 200 livres (10 myriagrammes), le chef-ouvrier verse dans la jarre où se compose ce premier apprêt, environ 300 livres (15 myriagrammes) de lessive de soude très-claire, et marquant un à deux degrés au pèse-liqueur de Baumé. (On doit s'être assuré d'avance que cette lessive se mêle bien à l'huile.) Il mêle à cette lessive 20 livres (un myriag.) d'huile, et il agite avec soin le mélange pour opérer une bonne combinaison. Il délaie ensuite avec un peu de lessive environ 25 livres (12 kilogrammes) de la liqueur qui se trouve dans les premières poches de l'estomac des animaux ruminans, il verse le tout dans la jarre qui contient la liqueur savonneuse, et remue avec beaucoup de soin pour opérer un mélange parfait.

On laisse le coton dans la salle aux apprêts jusqu'au lendemain.

On le porte à l'étendage pour le faire sécher; et, lorsqu'il est sec, on le passe à une lessive de soude, marquant un degré et demi ou deux degrés au plus.

Après l'avoir séché une seconde fois, on le passe à une autre lessive, marquant deux degrés.

Il est à observer qu'on gradue successivement la force des lessives, en l'augmentant de demi-degré à chaque passe.

Cette opération est extrêmement importante: le coton doit être convenablement dépouillé sans être appauvri. Si le lavage n'entraîne pas tout ce qui n'est pas adhérent au tissu, on emploie ensuite, à pure perte et au détriment de la couleur, une grande partie des mordans, parce qu'ils se portent sur un corps qui, n'étant pas uni au coton, s'en échappera par les lavages; si le lavage est trop fort, on enlève une partie de l'apprêt qui adhère au tissu, et la couleur en devient ensuite maigre et sèche; si le lavage est fait avec peu de soin, le coton est dépouillé d'une manière inégale, ce qui rend la couleur nuancée.

ARTICLE II.

Des Mordans dans la Teinture des Cotons en rouge.

J'appelle mordans, l'alun et la noix de galle, sans lesquels le coton ne prend pas une teinture solide ni nourrie.

L'engallage se donne avant l'alunage.

Pour engaller une partie de coton de 200 livres (10 myriagrammes), on fait bouillir 20 livres (un myriagramme) de noix de galle en sorte concassée, dans environ 200 livres (10 myriagrammes) d'une infusion de 30 livres (15 kilogrammes) de sumach. Après demi-heure d'ébullition, on verse dans le

bain 100 livres (5 myriagrammes) d'eau froide, on retire le feu du fourneau, et on passe le coton dans les terrines, comme pour les apprêts, du moment que l'ouvrier peut supporter la chaleur du bain.

Le coton engallé sèche assez promptement, et, dès qu'il est sec, on procède à l'alunage.

Il suffiroit, sans doute, d'un bon lavage pour extraire les principes qui appartiennent à la noix de galle; mais l'alun qui s'est formé en cristaux dans le tissu du fil, se dissout difficilement à l'eau froide, et on ne peut séparer ces cristaux qu'en frappant fortement le coton sur une pierre après l'avoir bien mouillé. Dans quelques fabriques, on emploie une masse ou batte pour dégorger le coton, comme lorsqu'on blanchit le linge.

Après cette troisième huile, on passe le coton à trois lessives, dont la plus faible marque deux degrés; la seconde trois, et la troisième quatre.

Cette troisième huile et ces lessives subséquentes, se donnent avec les mêmes soins et par les mêmes procédés que les premières.

On sèche le coton chaque fois.

On lave ensuite le coton pour le tirer de l'huile.

Après quoi, on engalle avec 15 livres (7 kilogrammes) de galle sans sumach.

On alune avec 20 livres (10 kilogrammes) d'alun de Rome.

On lave avec le même soin que la première fois; et le coton séché se trouve, en cet état, disposé à être garancé.

Cette dernière méthode abrège l'opération de trois ou quatre jours, et donne de belles couleurs: néanmoins je préfère la première, parce que j'ai observé que les couleurs sont plus unies, plus vives et plus nourries.

ARTICLE III.

Du Garançage dans la Teinture du Coton en rouge.

On prend 2 livres à 2 livres et demie de bonne garance par chaque livre de coton; on mêle cette garance moulue avec du sang qu'on emploie dans la proportion de demi-livre par livre de coton; le mélange se fait, à la main, dans un cuvier; on délaie cette pâte dans l'eau de la chaudière de garançage; et, dès que le bain est tiède, on y plonge le coton, qu'on y travaille pendant une heure sans porter à l'ébullition, mais en élevant graduellement la chaleur.

Du moment que le bain entre en ébullition, on met le coton en cordes, et on l'abandonne dans le bain, qu'on tient en ébullition pendant une heure.

ARTICLE IV.

De l'Avivage dans la Teinture du Coton en rouge.

Le coton sortant du garançage a une couleur si sombre, si obscure, qu'il est impossible de l'employer dans cet état. Il est d'ailleurs chargé d'une portion de principe colorant qui n'adhère que foiblement à l'étoffe, et dont il importe de le débarrasser. C'est par l'opération de l'avivage qu'on remplit ces fins.

Pour aviver le coton, on se sert de chaudières de cuivre, dont l'orifice circulaire puisse recevoir un couvercle qui s'y adapte exactement: on les remplit, aux deux tiers, d'une lessive de soude marquant deux degrés; on chauffe la lessive, et on y fait dissoudre 20 livres (10 kilogrammes) de savon blanc coupé en tranches très-minces; on agite le liquide pour faciliter la dissolution.

Comme l'effort du liquide en ébullition, détermineroit infailliblement une explosion, si on ne donnoit pas une légère issue aux vapeurs, on pratique une ouverture de quelques lignes (d'environ un centimètre) au milieu du couvercle.

L'ébullition continue pendant huit à douze heures, plus ou moins long-temps, selon que la lessive est plus ou moins forte, et la couleur du coton plus ou moins foncée.

On lave le coton au sortir de l'avivage, et déjà on pourroit, après l'avoir séché, le mettre dans le commerce. Mais, si l'on desire donner à la couleur tout l'éclat dont elle est susceptible, il faut faire subir encore au coton deux opérations; et, dans ce cas, il faut donner le premier avivage dont nous venons de parler, avec la lessive de soude sans savon, ou simplement avec 10 livres (5 kilogrammes) au lieu de 20.

La première des opérations qu'on donne au coton après ce premier avivage, consiste à l'aviver une seconde fois dans un bain d'eau foiblement aiguisée par une petite quantité de lessive, et dans laquelle on fait fondre 25 livres (12 kilogrammes) de savon. L'ébullition dure quatre à six heures, selon que la couleur est plus ou moins chargée.

Je prends l'acide nitrique pur, à 32 degrés au pèse-liqueur de Baumé, j'y fais dissoudre à froid une once (environ trois décagrammes) de sel ammoniaque raffiné par livre d'acide: la dissolution se fait peu à peu; et, lorsqu'elle est terminée, je mets, dans le bain, de l'étain en baguette, dans la proportion d'un seizième du poids de l'acide: la dissolution se fait aisément. J'ajoute de l'étain jusqu'à ce que la dissolution soit opale.

On lave les cotons à une eau vive et courante, on les sèche, et toutes les opérations de teinture sont terminées.

On peut donner aux fils de lin et de chanvre, une couleur presqu'aussi brillante qu'au coton, mais elle est moins nourrie; et il faut un plus grand nombre d'opérations, et répéter plusieurs fois l'action des apprêts et des mordans pour lui donner de l'intensité. Il faut même employer des lessives très-fortes; sans quoi, les apprêts et les mordans ne pénètrent point.

Le fil de lin prend plus aisément la couleur que celui de chanvre.

Il n'est peut-être pas inutile d'observer encore qu'on peut teindre les étoffes ou tissus de coton par le même procédé que nous venons de décrire: on n'a à craindre que d'obtenir des couleurs mal unies; mais l'on parvient à éviter cet inconvénient en travaillant avec soin l'étoffe, tant dans les apprêts, que dans les mordans et le garançage.

DES MORDANS DANS LA TEINTURE DU COTON EN ROUGE,

CHAPITRE V.

Des Préparations du Coton pour la Teinture en rouge.
Je commencerai par décrire le procédé que j'ai constamment pratiqué dans mes ateliers; je n'en ai pas connu jusqu'ici qui ait donné ni de plus belles, ni de plus vives, ni de plus solides couleurs.

ARTICLE PREMIER.

Des Apprêts dans la Teinture du Coton en Rouge.

Les apprêts se donnent au coton avec des liqueurs savonneuses: mais, pour le rendre plus perméable à ces liqueurs, on commence par le décruer. Sans cette opération préalable, le coton s'imprègne difficilement et très-inégalement, de manière qu'on obtient des couleurs nuancées de plusieurs teintes.

On emploie ordinairement pour le décrûment les soudes qui ont servi dans la préparation des apprêts; de cette manière, on les épuise de tout l'alkali qu'elles peuvent contenir. La lessive doit être très-claire; sans cela, le coton prend une teinte grisâtre qu'il perd difficilement.

On se sert assez généralement d'une chaudière de garançage pour décruer le coton; et on fait succéder cette opération à une opération de garançage, parce que, par ce moyen, il y a économie de combustible.

Il est à observer que les cotons filés aux mécaniques ont moins besoin de décrûment que les cotons filés à la main: la raison en est que les premiers

ont déjà reçu un véritable décrûment dans la liqueur savonneuse par laquelle on les dispose à la filature.

Le premier apprêt, qu'on nomme aussi la première huile, se prépare de la manière suivante:

En supposant toujours que chaque partie de coton est du poids de 200 livres (10 myriagrammes), le chef-ouvrier verse dans la jarre où se compose ce premier apprêt, environ 300 livres (15 myriagrammes) de lessive de soude très-claire, et marquant un à deux degrés au pèse-liqueur de Baumé. (On doit s'être assuré d'avance que cette lessive se mêle bien à l'huile.) Il mêle à cette lessive 20 livres (un myriag.) d'huile, et il agite avec soin le mélange pour opérer une bonne combinaison. Il délaie ensuite avec un peu de lessive environ 25 livres (12 kilogrammes) de la liqueur qui se trouve dans les premières poches de l'estomac des animaux ruminans, il verse le tout dans la jarre qui contient la liqueur savonneuse, et remue avec beaucoup de soin pour opérer un mélange parfait.

On laisse le coton dans la salle aux apprêts jusqu'au lendemain.

On le porte à l'étendage pour le faire sécher; et, lorsqu'il est sec, on le passe à une lessive de soude, marquant un degré et demi ou deux degrés au plus.

Après l'avoir séché une seconde fois, on le passe à une autre lessive, marquant deux degrés.

Il est à observer qu'on gradue successivement la force des lessives, en l'augmentant de demi-degré à chaque passe.

Cette opération est extrêmement importante: le coton doit être convenablement dépouillé sans être appauvri. Si le lavage n'entraîne pas tout ce qui n'est pas adhérent au tissu, on emploie ensuite, à pure perte et au détriment de la couleur, une grande partie des mordans, parce qu'ils se portent sur un corps qui, n'étant pas uni au coton, s'en échappera par les lavages; si le lavage est trop fort, on enlève une partie de l'apprêt qui adhère au tissu, et la couleur en devient ensuite maigre et sèche; si le lavage est fait avec peu de soin, le coton est dépouillé d'une manière inégale, ce qui rend la couleur nuancée.

ARTICLE II.

Des Mordans dans la Teinture des Cotons en rouge.

J'appelle mordans, l'alun et la noix de galle, sans lesquels le coton ne prend pas une teinture solide ni nourrie.

L'engallage se donne avant l'alunage.

Pour engaller une partie de coton de 200 livres (10 myriagrammes), on fait bouillir 20 livres (un myriagramme) de noix de galle en sorte concassée, dans environ 200 livres (10 myriagrammes) d'une infusion de 30 livres (15 kilogrammes) de sumach. Après demi-heure d'ébullition, on verse dans le

bain 100 livres (5 myriagrammes) d'eau froide, on retire le feu du fourneau, et on passe le coton dans les terrines, comme pour les apprêts, du moment que l'ouvrier peut supporter la chaleur du bain.

Le coton engallé sèche assez promptement, et, dès qu'il est sec, on procède à l'alunage.

Il suffiroit, sans doute, d'un bon lavage pour extraire les principes qui appartiennent à la noix de galle; mais l'alun qui s'est formé en cristaux dans le tissu du fil, se dissout difficilement à l'eau froide, et on ne peut séparer ces cristaux qu'en frappant fortement le coton sur une pierre après l'avoir bien mouillé. Dans quelques fabriques, on emploie une masse ou batte pour dégorger le coton, comme lorsqu'on blanchit le linge.

Après cette troisième huile, on passe le coton à trois lessives, dont la plus faible marque deux degrés; la seconde trois, et la troisième quatre.

Cette troisième huile et ces lessives subséquentes, se donnent avec les mêmes soins et par les mêmes procédés que les premières.

On sèche le coton chaque fois.

On lave ensuite le coton pour le tirer de l'huile.

Après quoi, on engalle avec 15 livres (7 kilogrammes) de galle sans sumach.

On alune avec 20 livres (10 kilogrammes) d'alun de Rome.

On lave avec le même soin que la première fois; et le coton séché se trouve, en cet état, disposé à être garancé.

Cette dernière méthode abrège l'opération de trois ou quatre jours, et donne de belles couleurs: néanmoins je préfère la première, parce que j'ai observé que les couleurs sont plus unies, plus vives et plus nourries.

ARTICLE III.

Du Garançage dans la Teinture du Coton en rouge.

On prend 2 livres à 2 livres et demie de bonne garance par chaque livre de coton; on mêle cette garance moulue avec du sang qu'on emploie dans la proportion de demi-livre par livre de coton; le mélange se fait, à la main, dans un cuvier; on délaie cette pâte dans l'eau de la chaudière de garançage; et, dès que le bain est tiède, on y plonge le coton, qu'on y travaille pendant une heure sans porter à l'ébullition, mais en élevant graduellement la chaleur.

Du moment que le bain entre en ébullition, on met le coton en cordes, et on l'abandonne dans le bain, qu'on tient en ébullition pendant une heure.

ARTICLE IV.

De l'Avivage dans la Teinture du Coton en rouge.

Le coton sortant du garançage a une couleur si sombre, si obscure, qu'il est impossible de l'employer dans cet état. Il est d'ailleurs chargé d'une portion de principe colorant qui n'adhère que foiblement à l'étoffe, et dont il importe de le débarrasser. C'est par l'opération de l'avivage qu'on remplit ces fins.

Pour aviver le coton, on se sert de chaudières de cuivre, dont l'orifice circulaire puisse recevoir un couvercle qui s'y adapte exactement: on les remplit, aux deux tiers, d'une lessive de soude marquant deux degrés; on chauffe la lessive, et on y fait dissoudre 20 livres (10 kilogrammes) de savon blanc coupé en tranches très-minces; on agite le liquide pour faciliter la dissolution.

Comme l'effort du liquide en ébullition, détermineroit infailliblement une explosion, si on ne donnoit pas une légère issue aux vapeurs, on pratique une ouverture de quelques lignes (d'environ un centimètre) au milieu du couvercle.

L'ébullition continue pendant huit à douze heures, plus ou moins long-temps, selon que la lessive est plus ou moins forte, et la couleur du coton plus ou moins foncée.

On lave le coton au sortir de l'avivage, et déjà on pourroit, après l'avoir séché, le mettre dans le commerce. Mais, si l'on desire donner à la couleur tout l'éclat dont elle est susceptible, il faut faire subir encore au coton deux opérations; et, dans ce cas, il faut donner le premier avivage dont nous venons de parler, avec la lessive de soude sans savon, ou simplement avec 10 livres (5 kilogrammes) au lieu de 20.

La première des opérations qu'on donne au coton après ce premier avivage, consiste à l'aviver une seconde fois dans un bain d'eau foiblement aiguisée par une petite quantité de lessive, et dans laquelle on fait fondre 25 livres (12 kilogrammes) de savon. L'ébullition dure quatre à six heures, selon que la couleur est plus ou moins chargée.

Je prends l'acide nitrique pur, à 32 degrés au pèse-liqueur de Baumé, j'y fais dissoudre à froid une once (environ trois décagrammes) de sel ammoniaque raffiné par livre d'acide: la dissolution se fait peu à peu; et, lorsqu'elle est terminée, je mets, dans le bain, de l'étain en baguette, dans la proportion d'un seizième du poids de l'acide: la dissolution se fait aisément. J'ajoute de l'étain jusqu'à ce que la dissolution soit opale.

On lave les cotons à une eau vive et courante, on les sèche, et toutes les opérations de teinture sont terminées.

On peut donner aux fils de lin et de chanvre, une couleur presqu'aussi brillante qu'au coton, mais elle est moins nourrie; et il faut un plus grand nombre d'opérations, et répéter plusieurs fois l'action des apprêts et des mordans pour lui donner de l'intensité. Il faut même employer des lessives très-fortes; sans quoi, les apprêts et les mordans ne pénètrent point.

Le fil de lin prend plus aisément la couleur que celui de chanvre.

Il n'est peut-être pas inutile d'observer encore qu'on peut teindre les étoffes ou tissus de coton par le même procédé que nous venons de décrire: on n'a à craindre que d'obtenir des couleurs mal unies; mais l'on parvient à éviter cet inconvénient en travaillant avec soin l'étoffe, tant dans les apprêts, que dans les mordans et le garançage.

DU GARANÇAGE DANS LA TEINTURE DU COTON EN ROUGE,

CHAPITRE V.

Des Préparations du Coton pour la Teinture en rouge.

Je commencerai par décrire le procédé que j'ai constamment pratiqué dans mes ateliers; je n'en ai pas connu jusqu'ici qui ait donné ni de plus belles, ni de plus vives, ni de plus solides couleurs.

ARTICLE PREMIER.

Des Apprêts dans la Teinture du Coton en Rouge.

Les apprêts se donnent au coton avec des liqueurs savonneuses: mais, pour le rendre plus perméable à ces liqueurs, on commence par le décruer. Sans cette opération préalable, le coton s'imprègne difficilement et très-inégalement, de manière qu'on obtient des couleurs nuancées de plusieurs teintes.

On emploie ordinairement pour le décrûment les soudes qui ont servi dans la préparation des apprêts; de cette manière, on les épuise de tout l'alkali qu'elles peuvent contenir. La lessive doit être très-claire; sans cela, le coton prend une teinte grisâtre qu'il perd difficilement.

On se sert assez généralement d'une chaudière de garançage pour décruer le coton; et on fait succéder cette opération à une opération de garançage, parce que, par ce moyen, il y a économie de combustible.

Il est à observer que les cotons filés aux mécaniques ont moins besoin de décrûment que les cotons filés à la main: la raison en est que les premiers

ont déjà reçu un véritable décrûment dans la liqueur savonneuse par laquelle on les dispose à la filature.

Le premier apprêt, qu'on nomme aussi la première huile, se prépare de la manière suivante:

En supposant toujours que chaque partie de coton est du poids de 200 livres (10 myriagrammes), le chef-ouvrier verse dans la jarre où se compose ce premier apprêt, environ 300 livres (15 myriagrammes) de lessive de soude très-claire, et marquant un à deux degrés au pèse-liqueur de Baumé. (On doit s'être assuré d'avance que cette lessive se mêle bien à l'huile.) Il mêle à cette lessive 20 livres (un myriag.) d'huile, et il agite avec soin le mélange pour opérer une bonne combinaison. Il délaie ensuite avec un peu de lessive environ 25 livres (12 kilogrammes) de la liqueur qui se trouve dans les premières poches de l'estomac des animaux ruminans, il verse le tout dans la jarre qui contient la liqueur savonneuse, et remue avec beaucoup de soin pour opérer un mélange parfait.

On laisse le coton dans la salle aux apprêts jusqu'au lendemain.

On le porte à l'étendage pour le faire sécher; et, lorsqu'il est sec, on le passe à une lessive de soude, marquant un degré et demi ou deux degrés au plus.

Après l'avoir séché une seconde fois, on le passe à une autre lessive, marquant deux degrés.

Il est à observer qu'on gradue successivement la force des lessives, en l'augmentant de demi-degré à chaque passe.

Cette opération est extrêmement importante: le coton doit être convenablement dépouillé sans être appauvri. Si le lavage n'entraîne pas tout ce qui n'est pas adhérent au tissu, on emploie ensuite, à pure perte et au détriment de la couleur, une grande partie des mordans, parce qu'ils se portent sur un corps qui, n'étant pas uni au coton, s'en échappera par les lavages; si le lavage est trop fort, on enlève une partie de l'apprêt qui adhère au tissu, et la couleur en devient ensuite maigre et sèche; si le lavage est fait avec peu de soin, le coton est dépouillé d'une manière inégale, ce qui rend la couleur nuancée.

ARTICLE II.

Des Mordans dans la Teinture des Cotons en rouge.

J'appelle mordans, l'alun et la noix de galle, sans lesquels le coton ne prend pas une teinture solide ni nourrie.

L'engallage se donne avant l'alunage.

Pour engaller une partie de coton de 200 livres (10 myriagrammes), on fait bouillir 20 livres (un myriagramme) de noix de galle en sorte concassée, dans environ 200 livres (10 myriagrammes) d'une infusion de 30 livres (15 kilogrammes) de sumach. Après demi-heure d'ébullition, on verse dans le

bain 100 livres (5 myriagrammes) d'eau froide, on retire le feu du fourneau, et on passe le coton dans les terrines, comme pour les apprêts, du moment que l'ouvrier peut supporter la chaleur du bain.

Le coton engallé sèche assez promptement, et, dès qu'il est sec, on procède à l'alunage.

Il suffiroit, sans doute, d'un bon lavage pour extraire les principes qui appartiennent à la noix de galle; mais l'alun qui s'est formé en cristaux dans le tissu du fil, se dissout difficilement à l'eau froide, et on ne peut séparer ces cristaux qu'en frappant fortement le coton sur une pierre après l'avoir bien mouillé. Dans quelques fabriques, on emploie une masse ou batte pour dégorger le coton, comme lorsqu'on blanchit le linge.

Après cette troisième huile, on passe le coton à trois lessives, dont la plus faible marque deux degrés; la seconde trois, et la troisième quatre.

Cette troisième huile et ces lessives subséquentes, se donnent avec les mêmes soins et par les mêmes procédés que les premières.

On sèche le coton chaque fois.

On lave ensuite le coton pour le tirer de l'huile.

Après quoi, on engalle avec 15 livres (7 kilogrammes) de galle sans sumach.

On alune avec 20 livres (10 kilogrammes) d'alun de Rome.

On lave avec le même soin que la première fois; et le coton séché se trouve, en cet état, disposé à être garancé.

Cette dernière méthode abrège l'opération de trois ou quatre jours, et donne de belles couleurs: néanmoins je préfère la première, parce que j'ai observé que les couleurs sont plus unies, plus vives et plus nourries.

ARTICLE III.

Du Garançage dans la Teinture du Coton en rouge.

On prend 2 livres à 2 livres et demie de bonne garance par chaque livre de coton; on mêle cette garance moulue avec du sang qu'on emploie dans la proportion de demi-livre par livre de coton; le mélange se fait, à la main, dans un cuvier; on délaie cette pâte dans l'eau de la chaudière de garançage; et, dès que le bain est tiède, on y plonge le coton, qu'on y travaille pendant une heure sans porter à l'ébullition, mais en élevant graduellement la chaleur.

Du moment que le bain entre en ébullition, on met le coton en cordes, et on l'abandonne dans le bain, qu'on tient en ébullition pendant une heure.

ARTICLE IV.

De l'Avivage dans la Teinture du Coton en rouge.

Le coton sortant du garançage a une couleur si sombre, si obscure, qu'il est impossible de l'employer dans cet état. Il est d'ailleurs chargé d'une portion de principe colorant qui n'adhère que foiblement à l'étoffe, et dont il importe de le débarrasser. C'est par l'opération de l'avivage qu'on remplit ces fins.

Pour aviver le coton, on se sert de chaudières de cuivre, dont l'orifice circulaire puisse recevoir un couvercle qui s'y adapte exactement: on les remplit, aux deux tiers, d'une lessive de soude marquant deux degrés; on chauffe la lessive, et on y fait dissoudre 20 livres (10 kilogrammes) de savon blanc coupé en tranches très-minces; on agite le liquide pour faciliter la dissolution.

Comme l'effort du liquide en ébullition, détermineroit infailliblement une explosion, si on ne donnoit pas une légère issue aux vapeurs, on pratique une ouverture de quelques lignes (d'environ un centimètre) au milieu du couvercle.

L'ébullition continue pendant huit à douze heures, plus ou moins long-temps, selon que la lessive est plus ou moins forte, et la couleur du coton plus ou moins foncée.

On lave le coton au sortir de l'avivage, et déjà on pourroit, après l'avoir séché, le mettre dans le commerce. Mais, si l'on desire donner à la couleur tout l'éclat dont elle est susceptible, il faut faire subir encore au coton deux opérations; et, dans ce cas, il faut donner le premier avivage dont nous venons de parler, avec la lessive de soude sans savon, ou simplement avec 10 livres (5 kilogrammes) au lieu de 20.

La première des opérations qu'on donne au coton après ce premier avivage, consiste à l'aviver une seconde fois dans un bain d'eau foiblement aiguisée par une petite quantité de lessive, et dans laquelle on fait fondre 25 livres (12 kilogrammes) de savon. L'ébullition dure quatre à six heures, selon que la couleur est plus ou moins chargée.

Je prends l'acide nitrique pur, à 32 degrés au pèse-liqueur de Baumé, j'y fais dissoudre à froid une once (environ trois décagrammes) de sel ammoniaque raffiné par livre d'acide: la dissolution se fait peu à peu; et, lorsqu'elle est terminée, je mets, dans le bain, de l'étain en baguette, dans la proportion d'un seizième du poids de l'acide: la dissolution se fait aisément. J'ajoute de l'étain jusqu'à ce que la dissolution soit opale.

On lave les cotons à une eau vive et courante, on les sèche, et toutes les opérations de teinture sont terminées.

On peut donner aux fils de lin et de chanvre, une couleur presqu'aussi brillante qu'au coton, mais elle est moins nourrie; et il faut un plus grand nombre d'opérations, et répéter plusieurs fois l'action des apprêts et des mordans pour lui donner de l'intensité. Il faut même employer des lessives très-fortes; sans quoi, les apprêts et les mordans ne pénètrent point.

Le fil de lin prend plus aisément la couleur que celui de chanvre.

Il n'est peut-être pas inutile d'observer encore qu'on peut teindre les étoffes ou tissus de coton par le même procédé que nous venons de décrire: on n'a à craindre que d'obtenir des couleurs mal unies; mais l'on parvient à éviter cet inconvénient en travaillant avec soin l'étoffe, tant dans les apprêts, que dans les mordans et le garançage.

DE L'AVIVAGE DANS LA TEINTURE DU COTON EN ROUGE,

CHAPITRE V.

Des Préparations du Coton pour la Teinture en rouge.
Je commencerai par décrire le procédé que j'ai constamment pratiqué dans mes ateliers; je n'en ai pas connu jusqu'ici qui ait donné ni de plus belles, ni de plus vives, ni de plus solides couleurs.

ARTICLE PREMIER.

Des Apprêts dans la Teinture du Coton en Rouge.

Les apprêts se donnent au coton avec des liqueurs savonneuses: mais, pour le rendre plus perméable à ces liqueurs, on commence par le décruer. Sans cette opération préalable, le coton s'imprègne difficilement et très-inégalement, de manière qu'on obtient des couleurs nuancées de plusieurs teintes.
On emploie ordinairement pour le décrûment les soudes qui ont servi dans la préparation des apprêts; de cette manière, on les épuise de tout l'alkali qu'elles peuvent contenir. La lessive doit être très-claire; sans cela, le coton prend une teinte grisâtre qu'il perd difficilement.
On se sert assez généralement d'une chaudière de garançage pour décruer le coton; et on fait succéder cette opération à une opération de garançage, parce que, par ce moyen, il y a économie de combustible.
Il est à observer que les cotons filés aux mécaniques ont moins besoin de décrûment que les cotons filés à la main: la raison en est que les premiers

ont déjà reçu un véritable décrûment dans la liqueur savonneuse par laquelle on les dispose à la filature.

Le premier apprêt, qu'on nomme aussi la première huile, se prépare de la manière suivante:

En supposant toujours que chaque partie de coton est du poids de 200 livres (10 myriagrammes), le chef-ouvrier verse dans la jarre où se compose ce premier apprêt, environ 300 livres (15 myriagrammes) de lessive de soude très-claire, et marquant un à deux degrés au pèse-liqueur de Baumé. (On doit s'être assuré d'avance que cette lessive se mêle bien à l'huile.) Il mêle à cette lessive 20 livres (un myriag.) d'huile, et il agite avec soin le mélange pour opérer une bonne combinaison. Il délaie ensuite avec un peu de lessive environ 25 livres (12 kilogrammes) de la liqueur qui se trouve dans les premières poches de l'estomac des animaux ruminans, il verse le tout dans la jarre qui contient la liqueur savonneuse, et remue avec beaucoup de soin pour opérer un mélange parfait.

On laisse le coton dans la salle aux apprêts jusqu'au lendemain.

On le porte à l'étendage pour le faire sécher; et, lorsqu'il est sec, on le passe à une lessive de soude, marquant un degré et demi ou deux degrés au plus.

Après l'avoir séché une seconde fois, on le passe à une autre lessive, marquant deux degrés.

Il est à observer qu'on gradue successivement la force des lessives, en l'augmentant de demi-degré à chaque passe.

Cette opération est extrêmement importante: le coton doit être convenablement dépouillé sans être appauvri. Si le lavage n'entraîne pas tout ce qui n'est pas adhérent au tissu, on emploie ensuite, à pure perte et au détriment de la couleur, une grande partie des mordans, parce qu'ils se portent sur un corps qui, n'étant pas uni au coton, s'en échappera par les lavages; si le lavage est trop fort, on enlève une partie de l'apprêt qui adhère au tissu, et la couleur en devient ensuite maigre et sèche; si le lavage est fait avec peu de soin, le coton est dépouillé d'une manière inégale, ce qui rend la couleur nuancée.

ARTICLE II.

Des Mordans dans la Teinture des Cotons en rouge.

J'appelle mordans, l'alun et la noix de galle, sans lesquels le coton ne prend pas une teinture solide ni nourrie.

L'engallage se donne avant l'alunage.

Pour engaller une partie de coton de 200 livres (10 myriagrammes), on fait bouillir 20 livres (un myriagramme) de noix de galle en sorte concassée, dans environ 200 livres (10 myriagrammes) d'une infusion de 30 livres (15 kilogrammes) de sumach. Après demi-heure d'ébullition, on verse dans le

bain 100 livres (5 myriagrammes) d'eau froide, on retire le feu du fourneau, et on passe le coton dans les terrines, comme pour les apprêts, du moment que l'ouvrier peut supporter la chaleur du bain.

Le coton engallé sèche assez promptement, et, dès qu'il est sec, on procède à l'alunage.

Il suffiroit, sans doute, d'un bon lavage pour extraire les principes qui appartiennent à la noix de galle; mais l'alun qui s'est formé en cristaux dans le tissu du fil, se dissout difficilement à l'eau froide, et on ne peut séparer ces cristaux qu'en frappant fortement le coton sur une pierre après l'avoir bien mouillé. Dans quelques fabriques, on emploie une masse ou batte pour dégorger le coton, comme lorsqu'on blanchit le linge.

Après cette troisième huile, on passe le coton à trois lessives, dont la plus faible marque deux degrés; la seconde trois, et la troisième quatre.

Cette troisième huile et ces lessives subséquentes, se donnent avec les mêmes soins et par les mêmes procédés que les premières.

On sèche le coton chaque fois.

On lave ensuite le coton pour le tirer de l'huile.

Après quoi, on engalle avec 15 livres (7 kilogrammes) de galle sans sumach.

On alune avec 20 livres (10 kilogrammes) d'alun de Rome.

On lave avec le même soin que la première fois; et le coton séché se trouve, en cet état, disposé à être garancé.

Cette dernière méthode abrège l'opération de trois ou quatre jours, et donne de belles couleurs: néanmoins je préfère la première, parce que j'ai observé que les couleurs sont plus unies, plus vives et plus nourries.

ARTICLE III.

Du Garançage dans la Teinture du Coton en rouge.

On prend 2 livres à 2 livres et demie de bonne garance par chaque livre de coton; on mêle cette garance moulue avec du sang qu'on emploie dans la proportion de demi-livre par livre de coton; le mélange se fait, à la main, dans un cuvier; on délaie cette pâte dans l'eau de la chaudière de garançage; et, dès que le bain est tiède, on y plonge le coton, qu'on y travaille pendant une heure sans porter à l'ébullition, mais en élevant graduellement la chaleur.

Du moment que le bain entre en ébullition, on met le coton en cordes, et on l'abandonne dans le bain, qu'on tient en ébullition pendant une heure.

ARTICLE IV.

De l'Avivage dans la Teinture du Coton en rouge.

Le coton sortant du garançage a une couleur si sombre, si obscure, qu'il est impossible de l'employer dans cet état. Il est d'ailleurs chargé d'une portion de principe colorant qui n'adhère que foiblement à l'étoffe, et dont il importe de le débarrasser. C'est par l'opération de l'avivage qu'on remplit ces fins.

Pour aviver le coton, on se sert de chaudières de cuivre, dont l'orifice circulaire puisse recevoir un couvercle qui s'y adapte exactement: on les remplit, aux deux tiers, d'une lessive de soude marquant deux degrés; on chauffe la lessive, et on y fait dissoudre 20 livres (10 kilogrammes) de savon blanc coupé en tranches très-minces; on agite le liquide pour faciliter la dissolution.

Comme l'effort du liquide en ébullition, détermineroit infailliblement une explosion, si on ne donnoit pas une légère issue aux vapeurs, on pratique une ouverture de quelques lignes (d'environ un centimètre) au milieu du couvercle.

L'ébullition continue pendant huit à douze heures, plus ou moins long-temps, selon que la lessive est plus ou moins forte, et la couleur du coton plus ou moins foncée.

On lave le coton au sortir de l'avivage, et déjà on pourroit, après l'avoir séché, le mettre dans le commerce. Mais, si l'on desire donner à la couleur tout l'éclat dont elle est susceptible, il faut faire subir encore au coton deux opérations; et, dans ce cas, il faut donner le premier avivage dont nous venons de parler, avec la lessive de soude sans savon, ou simplement avec 10 livres (5 kilogrammes) au lieu de 20.

La première des opérations qu'on donne au coton après ce premier avivage, consiste à l'aviver une seconde fois dans un bain d'eau foiblement aiguisée par une petite quantité de lessive, et dans laquelle on fait fondre 25 livres (12 kilogrammes) de savon. L'ébullition dure quatre à six heures, selon que la couleur est plus ou moins chargée.

Je prends l'acide nitrique pur, à 32 degrés au pèse-liqueur de Baumé, j'y fais dissoudre à froid une once (environ trois décagrammes) de sel ammoniaque raffiné par livre d'acide: la dissolution se fait peu à peu; et, lorsqu'elle est terminée, je mets, dans le bain, de l'étain en baguette, dans la proportion d'un seizième du poids de l'acide: la dissolution se fait aisément. J'ajoute de l'étain jusqu'à ce que la dissolution soit opale.

On lave les cotons à une eau vive et courante, on les sèche, et toutes les opérations de teinture sont terminées.

On peut donner aux fils de lin et de chanvre, une couleur presqu'aussi brillante qu'au coton, mais elle est moins nourrie; et il faut un plus grand nombre d'opérations, et répéter plusieurs fois l'action des apprêts et des mordans pour lui donner de l'intensité. Il faut même employer des lessives très-fortes; sans quoi, les apprêts et les mordans ne pénètrent point.

Le fil de lin prend plus aisément la couleur que celui de chanvre.

Il n'est peut-être pas inutile d'observer encore qu'on peut teindre les étoffes ou tissus de coton par le même procédé que nous venons de décrire: on n'a à craindre que d'obtenir des couleurs mal unies; mais l'on parvient à éviter cet inconvénient en travaillant avec soin l'étoffe, tant dans les apprêts, que dans les mordans et le garançage.

DES MODIFICATIONS QU'ON PEUT APPORTER AUX PROCÉDÉS DE LA TEINTURE DU COTON EN ROUGE,

CHAPITRE VI.

Des Modifications qu'on peut apporter aux procédés de la Teinture du Coton en rouge.

Je viens d'indiquer ce que je connois de mieux pour obtenir une belle couleur; j'ai décrit le procédé qui m'a le mieux réussi, et d'après lequel j'ai fabriqué pendant trois ans le plus beau rouge qui fut dans le commerce.

Je ne dirai rien que je n'aie pratiqué ou essayé assez en grand pour pouvoir en constater les résultats.

ARTICLE PREMIER.

Des Modifications qu'on peut apporter aux Apprêts.

L'art de préparer les lessives varie dans chaque pays, souvent dans chaque atelier: dans le Midi et au Levant, on les prépare dans d'immenses jarres qu'on enfonce dans la terre jusqu'au col, en leur donnant une légère inclinaison pour faciliter les moyens de puiser et de remuer les soudes qui y sont contenues. On agite plus ou moins souvent, selon le degré de force qu'on veut donner à la lessive; on ajoute de la soude à trois reprises: on en emploie près de 100 livres (5 myriagrammes) pour une partie de coton. La première lessive se fait avec 30 livres (15 kilogrammes); on en ajoute encore 30 pour former la première lessive de la seconde huile, et 40 pour former la première lessive de la troisième.

On varie beaucoup également sur la force des lessives: j'ai connu des teinturiers qui en employoient de si fortes, que la peau des mains des ouvriers en étoit altérée. J'ai vu des lessives portées à 12 degrés; mais je me suis convaincu que ces fortes lessives n'étoient pas profitables, et même que la couleur n'avoit plus le moelleux ni le velouté qu'on peut donner en employant des lessives moins fortes.

Pour bien juger de la force qu'il convient de donner aux lessives, il suffit de se rappeler que les lessives n'ont d'autre but que de délayer l'huile, afin de la porter plus facilement dans le tissu, et que, par conséquent, des eaux de lessive, depuis un jusqu'à quatre degrés, sont plus que suffisantes.

Il ne suffit donc pas d'employer beaucoup d'huile, beaucoup d'alun et beaucoup de noix de galle pour former de belles couleurs: les proportions de ces ingrédiens sont déterminées. Ainsi, si l'on emploie trop d'huile, l'excédent reste dans le coton, et se perd en grande partie dans l'avivage. Si on emploie trop d'alun, il cristallise sur les fils eux-mêmes, et s'en détache par un lavage fait avec soin; si on emploie trop de noix de galle, elle est entraînée par les eaux dans les divers lavages.

Comme le coton peut prendre jusqu'à 30 pour 100 de poids par les ingrédiens de la teinture, les teinturiers qui spéculent sur la vente, lui donnent le plus d'huile possible: mais, ici, l'intérêt du consommateur se trouve lésé, et il est bien reconnu que le coton qui acquiert plus de 8 à 10 pour 100 de son poids primitif, est trop chargé.

J'ai essayé de remplacer la soude par la potasse pour former les lessives; et je l'ai employée à deux degrés pour la combiner avec l'huile. Le résultat en a été avantageux; la couleur du coton est sortie nourrie, brillante et sur-tout très-unie. La nuance vineuse que prend le coton au garançage, disparoît par l'avivage et la composition.

ARTICLE II.

Des Modifications qu'on peut apporter aux Mordans.

La noix de galle donne du corps aux couleurs; l'alun les éclaircit et les rend plus brillantes: on voit, d'après cela, ce que l'on doit attendre des différentes proportions dans lesquelles on peut employer ces deux mordans.

La bousseirolle, le redou, l'écorce d'aulne et celle de chêne ne peuvent pas, à leur tour, remplacer le sumach, qui, après la galle, est celui de tous les astringens qui produit le plus d'effet.

L'engallage peut se donner au coton dans une chaudière, comme le garançage: par ce moyen, le coton peut se pénétrer plus également du mordant; mais ce procédé devient plus dispendieux, par la grande quantité de noix de galle qu'il faut employer pour donner au bain une force suffisante.

On peut encore engaller dans une simple infusion de noix de galle; mais la couleur en est plus pâle.

J'ai substitué avec avantage l'acétate d'alumine à l'alun; et je forme mon acétate, en jetant dans le bain d'alun de l'acétate de plomb (sel de saturne), dans la proportion du quart de l'alun employé: la liqueur blanchit dans le moment; il se forme bientôt un dépôt; la liqueur s'éclaircit, et c'est alors qu'on emploie la liqueur surnageant le dépôt, pour passer le coton dans les terrines.

J'ai constamment observé que le mordant d'acétate d'alumine rendoit la couleur plus vive et plus solide, en même temps que plus moelleuse.

Le nitrate d'alumine ne m'a présenté aucun avantage.

Le pyrolignite d'alumine bien purifié, peut être employé pour les violets.

ARTICLE III.

Des Modifications qu'on peut apporter au Garançage.

Lorsque la teinture des cotons a été portée en France, on garançoit deux fois le même coton, et à des temps différens: ce procédé est encore suivi dans beaucoup d'ateliers de teinture.

Le premier garançage se donne après les lessives de la seconde huile, l'engallage et l'alunage; on emploie une livre et demie de garance par livre de coton, et on avive par une simple lessive de soude à deux degrés.

Après avoir lavé et séché le coton sortant de l'avivage, on lui donne une troisième huile qui est suivie de trois ou quatre lessives; on engalle et alune de nouveau, pour garancer une seconde fois avec poids égal de garance. L'avivage se fait, cette fois-ci, avec la soude et le savon.

Il m'est arrivé très-souvent de donner deux huiles de suite, et sans autre opération intermédiaire que celle de sécher; j'alunois et engallois ensuite après quatre lessives; mais on ne peut confier ce travail qu'à des ouvriers très-habiles, parce qu'on a à craindre que la couleur ne soit pas unie.

On reconnoît que la garance est employée en excès, lorsque, après une ébullition prolongée, le bain reste toujours coloré en rouge; on peut connoître la quantité de garance qui est nécessaire, en en ajoutant jusqu'à ce que le coton refuse de s'en charger.

ARTICLE IV.

Des Modifications qu'on peut apporter à l'Avivage.

Au lieu de mettre, dans l'avivage, les cotons lavés et encore mouillés pour les y faire bouillir, pendant quelques heures, avec une dissolution de soude et de savon, quelques teinturiers sèchent les cotons, les passent à une lessive très-forte, et les jettent humides dans l'eau de la chaudière d'avivage, où ils ont fait dissoudre 20 à 30 livres (un myriagramme à un myriagramme et demi) de savon. J'ai vu marquer, jusqu'à 10 et 12 degrés, la lessive de soude, dans laquelle on passe ces cotons.

La quantité de savon employée pour l'avivage varie encore dans chaque atelier. Je l'ai vu employer dans la proportion du quart du poids du coton qu'on avive, et j'ai même acquis la preuve qu'on le pouvoit sans danger, surtout lorsque les cotons sont bien nourris de couleur. Mais, dans ce cas, il faut faire bouillir fortement pendant une ou deux heures, et surveiller l'opération avec assez de soin pour que la couleur n'en soit pas appauvrie.

ARTICLE V.

Des Modifications qu'on peut apporter à la Composition d'Étain.

Rien de plus varié que la manière de former la composition qu'on emploie pour donner au coton son dernier lustre:

D'autres opèrent avec l'acide pur qu'ils mêlent avec du sel marin pour lui donner la propriété de dissoudre l'étain.

Quelques-uns délaient l'acide dans l'eau pure, et y font dissoudre l'étain réduit en copeaux.

Tous versent cette composition sur une dissolution d'alun, mais ils l'emploient à différentes doses.

On varie encore dans la manière de se servir de cette composition: au lieu de passer le coton dans les terrines, on verse quelquefois la composition dans une chaudière pleine d'eau tiède, et dans laquelle on a dissous 6 à 8 livres (3 à 4 kilogrammes) d'alun; on plonge le coton humide dans le bain; on l'y foule avec soin pendant quelques minutes, et jusqu'à ce qu'on se soit apperçu que la couleur est bien avivée.

En général, les liqueurs acides avivent le rouge de garance: le sel d'oseille produit un bon effet, de même que tous les acides végétaux; mais les acides muriatique et sulfurique rendent la couleur vineuse, et le muriatique oxigéné la dévore.

DES MODIFICATIONS QU'ON PEUT APPORTER AUX APPRÊTS,

CHAPITRE VI.

Des Modifications qu'on peut apporter aux procédés de la Teinture du Coton en rouge.

Je viens d'indiquer ce que je connois de mieux pour obtenir une belle couleur; j'ai décrit le procédé qui m'a le mieux réussi, et d'après lequel j'ai fabriqué pendant trois ans le plus beau rouge qui fut dans le commerce.

Je ne dirai rien que je n'aie pratiqué ou essayé assez en grand pour pouvoir en constater les résultats.

ARTICLE PREMIER.

Des Modifications qu'on peut apporter aux Apprêts.

L'art de préparer les lessives varie dans chaque pays, souvent dans chaque atelier: dans le Midi et au Levant, on les prépare dans d'immenses jarres qu'on enfonce dans la terre jusqu'au col, en leur donnant une légère inclinaison pour faciliter les moyens de puiser et de remuer les soudes qui y sont contenues. On agite plus ou moins souvent, selon le degré de force qu'on veut donner à la lessive; on ajoute de la soude à trois reprises: on en emploie près de 100 livres (5 myriagrammes) pour une partie de coton. La première lessive se fait avec 30 livres (15 kilogrammes); on en ajoute encore 30 pour former la première lessive de la seconde huile, et 40 pour former la première lessive de la troisième.

On varie beaucoup également sur la force des lessives: j'ai connu des

teinturiers qui en employoient de si fortes, que la peau des mains des ouvriers en étoit altérée. J'ai vu des lessives portées à 12 degrés; mais je me suis convaincu que ces fortes lessives n'étoient pas profitables, et même que la couleur n'avoit plus le moelleux ni le velouté qu'on peut donner en employant des lessives moins fortes.

Pour bien juger de la force qu'il convient de donner aux lessives, il suffit de se rappeler que les lessives n'ont d'autre but que de délayer l'huile, afin de la porter plus facilement dans le tissu, et que, par conséquent, des eaux de lessive, depuis un jusqu'à quatre degrés, sont plus que suffisantes.

Il ne suffit donc pas d'employer beaucoup d'huile, beaucoup d'alun et beaucoup de noix de galle pour former de belles couleurs: les proportions de ces ingrédiens sont déterminées. Ainsi, si l'on emploie trop d'huile, l'excédent reste dans le coton, et se perd en grande partie dans l'avivage. Si on emploie trop d'alun, il cristallise sur les fils eux-mêmes, et s'en détache par un lavage fait avec soin; si on emploie trop de noix de galle, elle est entraînée par les eaux dans les divers lavages.

Comme le coton peut prendre jusqu'à 30 pour 100 de poids par les ingrédiens de la teinture, les teinturiers qui spéculent sur la vente, lui donnent le plus d'huile possible: mais, ici, l'intérêt du consommateur se trouve lésé, et il est bien reconnu que le coton qui acquiert plus de 8 à 10 pour 100 de son poids primitif, est trop chargé.

J'ai essayé de remplacer la soude par la potasse pour former les lessives; et je l'ai employée à deux degrés pour la combiner avec l'huile. Le résultat en a été avantageux; la couleur du coton est sortie nourrie, brillante et sur-tout très-unie. La nuance vineuse que prend le coton au garançage, disparoît par l'avivage et la composition.

ARTICLE II.

Des Modifications qu'on peut apporter aux Mordans.

La noix de galle donne du corps aux couleurs; l'alun les éclaircit et les rend plus brillantes: on voit, d'après cela, ce que l'on doit attendre des différentes proportions dans lesquelles on peut employer ces deux mordans.

La bousseirolle, le redou, l'écorce d'aulne et celle de chêne ne peuvent pas, à leur tour, remplacer le sumach, qui, après la galle, est celui de tous les astringens qui produit le plus d'effet.

L'engallage peut se donner au coton dans une chaudière, comme le garançage: par ce moyen, le coton peut se pénétrer plus également du mordant; mais ce procédé devient plus dispendieux, par la grande quantité de noix de galle qu'il faut employer pour donner au bain une force suffisante.

On peut encore engaller dans une simple infusion de noix de galle; mais la

couleur en est plus pâle.

J'ai substitué avec avantage l'acétate d'alumine à l'alun; et je forme mon acétate, en jetant dans le bain d'alun de l'acétate de plomb (sel de saturne), dans la proportion du quart de l'alun employé: la liqueur blanchit dans le moment; il se forme bientôt un dépôt; la liqueur s'éclaircit, et c'est alors qu'on emploie la liqueur surnageant le dépôt, pour passer le coton dans les terrines.

J'ai constamment observé que le mordant d'acétate d'alumine rendoit la couleur plus vive et plus solide, en même temps que plus moelleuse.

Le nitrate d'alumine ne m'a présenté aucun avantage.

Le pyrolignite d'alumine bien purifié, peut être employé pour les violets.

ARTICLE III.

Des Modifications qu'on peut apporter au Garançage.

Lorsque la teinture des cotons a été portée en France, on garançoit deux fois le même coton, et à des temps différens: ce procédé est encore suivi dans beaucoup d'ateliers de teinture.

Le premier garançage se donne après les lessives de la seconde huile, l'engallage et l'alunage; on emploie une livre et demie de garance par livre de coton, et on avive par une simple lessive de soude à deux degrés.

Après avoir lavé et séché le coton sortant de l'avivage, on lui donne une troisième huile qui est suivie de trois ou quatre lessives; on engalle et alune de nouveau, pour garancer une seconde fois avec poids égal de garance. L'avivage se fait, cette fois-ci, avec la soude et le savon.

Il m'est arrivé très-souvent de donner deux huiles de suite, et sans autre opération intermédiaire que celle de sécher; j'alunois et engallois ensuite après quatre lessives; mais on ne peut confier ce travail qu'à des ouvriers très-habiles, parce qu'on a à craindre que la couleur ne soit pas unie.

On reconnoît que la garance est employée en excès, lorsque, après une ébullition prolongée, le bain reste toujours coloré en rouge; on peut connoître la quantité de garance qui est nécessaire, en en ajoutant jusqu'à ce que le coton refuse de s'en charger.

ARTICLE IV.

Des Modifications qu'on peut apporter à l'Avivage.

Au lieu de mettre, dans l'avivage, les cotons lavés et encore mouillés pour les y faire bouillir, pendant quelques heures, avec une dissolution de soude et de savon, quelques teinturiers sèchent les cotons, les passent à une lessive très-forte, et les jettent humides dans l'eau de la chaudière d'avivage, où ils

ont fait dissoudre 20 à 30 livres (un myriagramme à un myriagramme et demi) de savon. J'ai vu marquer, jusqu'à 10 et 12 degrés, la lessive de soude, dans laquelle on passe ces cotons.

La quantité de savon employée pour l'avivage varie encore dans chaque atelier. Je l'ai vu employer dans la proportion du quart du poids du coton qu'on avive, et j'ai même acquis la preuve qu'on le pouvoit sans danger, surtout lorsque les cotons sont bien nourris de couleur. Mais, dans ce cas, il faut faire bouillir fortement pendant une ou deux heures, et surveiller l'opération avec assez de soin pour que la couleur n'en soit pas appauvrie.

ARTICLE V.

Des Modifications qu'on peut apporter à la Composition d'Étain.

Rien de plus varié que la manière de former la composition qu'on emploie pour donner au coton son dernier lustre:

D'autres opèrent avec l'acide pur qu'ils mêlent avec du sel marin pour lui donner la propriété de dissoudre l'étain.

Quelques-uns délaient l'acide dans l'eau pure, et y font dissoudre l'étain réduit en copeaux.

Tous versent cette composition sur une dissolution d'alun, mais ils l'emploient à différentes doses.

On varie encore dans la manière de se servir de cette composition: au lieu de passer le coton dans les terrines, on verse quelquefois la composition dans une chaudière pleine d'eau tiède, et dans laquelle on a dissous 6 à 8 livres (3 à 4 kilogrammes) d'alun; on plonge le coton humide dans le bain; on l'y foule avec soin pendant quelques minutes, et jusqu'à ce qu'on se soit apperçu que la couleur est bien avivée.

En général, les liqueurs acides avivent le rouge de garance: le sel d'oseille produit un bon effet, de même que tous les acides végétaux; mais les acides muriatique et sulfurique rendent la couleur vineuse, et le muriatique oxigéné la dévore.

DES MODIFICATIONS QU'ON PEUT APPORTER AUX MORDANS,

CHAPITRE VI.

Des Modifications qu'on peut apporter aux procédés de la Teinture du Coton en rouge.

Je viens d'indiquer ce que je connois de mieux pour obtenir une belle couleur; j'ai décrit le procédé qui m'a le mieux réussi, et d'après lequel j'ai fabriqué pendant trois ans le plus beau rouge qui fut dans le commerce.

Je ne dirai rien que je n'aie pratiqué ou essayé assez en grand pour pouvoir en constater les résultats.

ARTICLE PREMIER.

Des Modifications qu'on peut apporter aux Apprêts.

L'art de préparer les lessives varie dans chaque pays, souvent dans chaque atelier: dans le Midi et au Levant, on les prépare dans d'immenses jarres qu'on enfonce dans la terre jusqu'au col, en leur donnant une légère inclinaison pour faciliter les moyens de puiser et de remuer les soudes qui y sont contenues. On agite plus ou moins souvent, selon le degré de force qu'on veut donner à la lessive; on ajoute de la soude à trois reprises: on en emploie près de 100 livres (5 myriagrammes) pour une partie de coton. La première lessive se fait avec 30 livres (15 kilogrammes); on en ajoute encore 30 pour former la première lessive de la seconde huile, et 40 pour former la première lessive de la troisième.

On varie beaucoup également sur la force des lessives: j'ai connu des

teinturiers qui en employoient de si fortes, que la peau des mains des ouvriers en étoit altérée. J'ai vu des lessives portées à 12 degrés; mais je me suis convaincu que ces fortes lessives n'étoient pas profitables, et même que la couleur n'avoit plus le moelleux ni le velouté qu'on peut donner en employant des lessives moins fortes.

Pour bien juger de la force qu'il convient de donner aux lessives, il suffit de se rappeler que les lessives n'ont d'autre but que de délayer l'huile, afin de la porter plus facilement dans le tissu, et que, par conséquent, des eaux de lessive, depuis un jusqu'à quatre degrés, sont plus que suffisantes.

Il ne suffit donc pas d'employer beaucoup d'huile, beaucoup d'alun et beaucoup de noix de galle pour former de belles couleurs: les proportions de ces ingrédiens sont déterminées. Ainsi, si l'on emploie trop d'huile, l'excédent reste dans le coton, et se perd en grande partie dans l'avivage. Si on emploie trop d'alun, il cristallise sur les fils eux-mêmes, et s'en détache par un lavage fait avec soin; si on emploie trop de noix de galle, elle est entraînée par les eaux dans les divers lavages.

Comme le coton peut prendre jusqu'à 30 pour 100 de poids par les ingrédiens de la teinture, les teinturiers qui spéculent sur la vente, lui donnent le plus d'huile possible: mais, ici, l'intérêt du consommateur se trouve lésé, et il est bien reconnu que le coton qui acquiert plus de 8 à 10 pour 100 de son poids primitif, est trop chargé.

J'ai essayé de remplacer la soude par la potasse pour former les lessives; et je l'ai employée à deux degrés pour la combiner avec l'huile. Le résultat en a été avantageux; la couleur du coton est sortie nourrie, brillante et sur-tout très-unie. La nuance vineuse que prend le coton au garançage, disparoît par l'avivage et la composition.

ARTICLE II.

Des Modifications qu'on peut apporter aux Mordans.

La noix de galle donne du corps aux couleurs; l'alun les éclaircit et les rend plus brillantes: on voit, d'après cela, ce que l'on doit attendre des différentes proportions dans lesquelles on peut employer ces deux mordans.

La bousseirolle, le redou, l'écorce d'aulne et celle de chêne ne peuvent pas, à leur tour, remplacer le sumach, qui, après la galle, est celui de tous les astringens qui produit le plus d'effet.

L'engallage peut se donner au coton dans une chaudière, comme le garançage: par ce moyen, le coton peut se pénétrer plus également du mordant; mais ce procédé devient plus dispendieux, par la grande quantité de noix de galle qu'il faut employer pour donner au bain une force suffisante.

On peut encore engaller dans une simple infusion de noix de galle; mais la

couleur en est plus pâle.

J'ai substitué avec avantage l'acétate d'alumine à l'alun; et je forme mon acétate, en jetant dans le bain d'alun de l'acétate de plomb (sel de saturne), dans la proportion du quart de l'alun employé: la liqueur blanchit dans le moment; il se forme bientôt un dépôt; la liqueur s'éclaircit, et c'est alors qu'on emploie la liqueur surnageant le dépôt, pour passer le coton dans les terrines.

J'ai constamment observé que le mordant d'acétate d'alumine rendoit la couleur plus vive et plus solide, en même temps que plus moelleuse.

Le nitrate d'alumine ne m'a présenté aucun avantage.

Le pyrolignite d'alumine bien purifié, peut être employé pour les violets.

ARTICLE III.

Des Modifications qu'on peut apporter au Garançage.

Lorsque la teinture des cotons a été portée en France, on garançoit deux fois le même coton, et à des temps différens: ce procédé est encore suivi dans beaucoup d'ateliers de teinture.

Le premier garançage se donne après les lessives de la seconde huile, l'engallage et l'alunage; on emploie une livre et demie de garance par livre de coton, et on avive par une simple lessive de soude à deux degrés.

Après avoir lavé et séché le coton sortant de l'avivage, on lui donne une troisième huile qui est suivie de trois ou quatre lessives; on engalle et alune de nouveau, pour garancer une seconde fois avec poids égal de garance. L'avivage se fait, cette fois-ci, avec la soude et le savon.

Il m'est arrivé très-souvent de donner deux huiles de suite, et sans autre opération intermédiaire que celle de sécher; j'alunois et engallois ensuite après quatre lessives; mais on ne peut confier ce travail qu'à des ouvriers très-habiles, parce qu'on a à craindre que la couleur ne soit pas unie.

On reconnoît que la garance est employée en excès, lorsque, après une ébullition prolongée, le bain reste toujours coloré en rouge; on peut connoître la quantité de garance qui est nécessaire, en en ajoutant jusqu'à ce que le coton refuse de s'en charger.

ARTICLE IV.

Des Modifications qu'on peut apporter à l'Avivage.

Au lieu de mettre, dans l'avivage, les cotons lavés et encore mouillés pour les y faire bouillir, pendant quelques heures, avec une dissolution de soude et de savon, quelques teinturiers sèchent les cotons, les passent à une lessive très-forte, et les jettent humides dans l'eau de la chaudière d'avivage, où ils

ont fait dissoudre 20 à 30 livres (un myriagramme à un myriagramme et demi) de savon. J'ai vu marquer, jusqu'à 10 et 12 degrés, la lessive de soude, dans laquelle on passe ces cotons.

La quantité de savon employée pour l'avivage varie encore dans chaque atelier. Je l'ai vu employer dans la proportion du quart du poids du coton qu'on avive, et j'ai même acquis la preuve qu'on le pouvoit sans danger, surtout lorsque les cotons sont bien nourris de couleur. Mais, dans ce cas, il faut faire bouillir fortement pendant une ou deux heures, et surveiller l'opération avec assez de soin pour que la couleur n'en soit pas appauvrie.

ARTICLE V.

Des Modifications qu'on peut apporter à la Composition d'Étain.

Rien de plus varié que la manière de former la composition qu'on emploie pour donner au coton son dernier lustre:

D'autres opèrent avec l'acide pur qu'ils mêlent avec du sel marin pour lui donner la propriété de dissoudre l'étain.

Quelques-uns délaient l'acide dans l'eau pure, et y font dissoudre l'étain réduit en copeaux.

Tous versent cette composition sur une dissolution d'alun, mais ils l'emploient à différentes doses.

On varie encore dans la manière de se servir de cette composition: au lieu de passer le coton dans les terrines, on verse quelquefois la composition dans une chaudière pleine d'eau tiède, et dans laquelle on a dissous 6 à 8 livres (3 à 4 kilogrammes) d'alun; on plonge le coton humide dans le bain; on l'y foule avec soin pendant quelques minutes, et jusqu'à ce qu'on se soit apperçu que la couleur est bien avivée.

En général, les liqueurs acides avivent le rouge de garance: le sel d'oseille produit un bon effet, de même que tous les acides végétaux; mais les acides muriatique et sulfurique rendent la couleur vineuse, et le muriatique oxigéné la dévore.

DES MODIFICATIONS QU'ON PEUT APPORTER AU GARANÇAGE,

CHAPITRE VI.

Des Modifications qu'on peut apporter aux procédés de la Teinture du Coton en rouge.

Je viens d'indiquer ce que je connois de mieux pour obtenir une belle couleur; j'ai décrit le procédé qui m'a le mieux réussi, et d'après lequel j'ai fabriqué pendant trois ans le plus beau rouge qui fut dans le commerce.

Je ne dirai rien que je n'aie pratiqué ou essayé assez en grand pour pouvoir en constater les résultats.

ARTICLE PREMIER.

Des Modifications qu'on peut apporter aux Apprêts.

L'art de préparer les lessives varie dans chaque pays, souvent dans chaque atelier: dans le Midi et au Levant, on les prépare dans d'immenses jarres qu'on enfonce dans la terre jusqu'au col, en leur donnant une légère inclinaison pour faciliter les moyens de puiser et de remuer les soudes qui y sont contenues. On agite plus ou moins souvent, selon le degré de force qu'on veut donner à la lessive; on ajoute de la soude à trois reprises: on en emploie près de 100 livres (5 myriagrammes) pour une partie de coton. La première lessive se fait avec 30 livres (15 kilogrammes); on en ajoute encore 30 pour former la première lessive de la seconde huile, et 40 pour former la première lessive de la troisième.

On varie beaucoup également sur la force des lessives: j'ai connu des

teinturiers qui en employoient de si fortes, que la peau des mains des ouvriers en étoit altérée. J'ai vu des lessives portées à 12 degrés; mais je me suis convaincu que ces fortes lessives n'étoient pas profitables, et même que la couleur n'avoit plus le moelleux ni le velouté qu'on peut donner en employant des lessives moins fortes.

Pour bien juger de la force qu'il convient de donner aux lessives, il suffit de se rappeler que les lessives n'ont d'autre but que de délayer l'huile, afin de la porter plus facilement dans le tissu, et que, par conséquent, des eaux de lessive, depuis un jusqu'à quatre degrés, sont plus que suffisantes.

Il ne suffit donc pas d'employer beaucoup d'huile, beaucoup d'alun et beaucoup de noix de galle pour former de belles couleurs: les proportions de ces ingrédiens sont déterminées. Ainsi, si l'on emploie trop d'huile, l'excédent reste dans le coton, et se perd en grande partie dans l'avivage. Si on emploie trop d'alun, il cristallise sur les fils eux-mêmes, et s'en détache par un lavage fait avec soin; si on emploie trop de noix de galle, elle est entraînée par les eaux dans les divers lavages.

Comme le coton peut prendre jusqu'à 30 pour 100 de poids par les ingrédiens de la teinture, les teinturiers qui spéculent sur la vente, lui donnent le plus d'huile possible: mais, ici, l'intérêt du consommateur se trouve lésé, et il est bien reconnu que le coton qui acquiert plus de 8 à 10 pour 100 de son poids primitif, est trop chargé.

J'ai essayé de remplacer la soude par la potasse pour former les lessives; et je l'ai employée à deux degrés pour la combiner avec l'huile. Le résultat en a été avantageux; la couleur du coton est sortie nourrie, brillante et sur-tout très-unie. La nuance vineuse que prend le coton au garançage, disparoît par l'avivage et la composition.

ARTICLE II.

Des Modifications qu'on peut apporter aux Mordans.

La noix de galle donne du corps aux couleurs; l'alun les éclaircit et les rend plus brillantes: on voit, d'après cela, ce que l'on doit attendre des différentes proportions dans lesquelles on peut employer ces deux mordans.

La bousseirolle, le redou, l'écorce d'aulne et celle de chêne ne peuvent pas, à leur tour, remplacer le sumach, qui, après la galle, est celui de tous les astringens qui produit le plus d'effet.

L'engallage peut se donner au coton dans une chaudière, comme le garançage: par ce moyen, le coton peut se pénétrer plus également du mordant; mais ce procédé devient plus dispendieux, par la grande quantité de noix de galle qu'il faut employer pour donner au bain une force suffisante.

On peut encore engaller dans une simple infusion de noix de galle; mais la

couleur en est plus pâle.

J'ai substitué avec avantage l'acétate d'alumine à l'alun; et je forme mon acétate, en jetant dans le bain d'alun de l'acétate de plomb (sel de saturne), dans la proportion du quart de l'alun employé: la liqueur blanchit dans le moment; il se forme bientôt un dépôt; la liqueur s'éclaircit, et c'est alors qu'on emploie la liqueur surnageant le dépôt, pour passer le coton dans les terrines.

J'ai constamment observé que le mordant d'acétate d'alumine rendoit la couleur plus vive et plus solide, en même temps que plus moelleuse.

Le nitrate d'alumine ne m'a présenté aucun avantage.

Le pyrolignite d'alumine bien purifié, peut être employé pour les violets.

ARTICLE III.

Des Modifications qu'on peut apporter au Garançage.

Lorsque la teinture des cotons a été portée en France, on garançoit deux fois le même coton, et à des temps différens: ce procédé est encore suivi dans beaucoup d'ateliers de teinture.

Le premier garançage se donne après les lessives de la seconde huile, l'engallage et l'alunage; on emploie une livre et demie de garance par livre de coton, et on avive par une simple lessive de soude à deux degrés.

Après avoir lavé et séché le coton sortant de l'avivage, on lui donne une troisième huile qui est suivie de trois ou quatre lessives; on engalle et alune de nouveau, pour garancer une seconde fois avec poids égal de garance. L'avivage se fait, cette fois-ci, avec la soude et le savon.

Il m'est arrivé très-souvent de donner deux huiles de suite, et sans autre opération intermédiaire que celle de sécher; j'alunois et engallois ensuite après quatre lessives; mais on ne peut confier ce travail qu'à des ouvriers très-habiles, parce qu'on a à craindre que la couleur ne soit pas unie.

On reconnoît que la garance est employée en excès, lorsque, après une ébullition prolongée, le bain reste toujours coloré en rouge; on peut connoître la quantité de garance qui est nécessaire, en en ajoutant jusqu'à ce que le coton refuse de s'en charger.

ARTICLE IV.

Des Modifications qu'on peut apporter à l'Avivage.

Au lieu de mettre, dans l'avivage, les cotons lavés et encore mouillés pour les y faire bouillir, pendant quelques heures, avec une dissolution de soude et de savon, quelques teinturiers sèchent les cotons, les passent à une lessive très-forte, et les jettent humides dans l'eau de la chaudière d'avivage, où ils

ont fait dissoudre 20 à 30 livres (un myriagramme à un myriagramme et demi) de savon. J'ai vu marquer, jusqu'à 10 et 12 degrés, la lessive de soude, dans laquelle on passe ces cotons.

La quantité de savon employée pour l'avivage varie encore dans chaque atelier. Je l'ai vu employer dans la proportion du quart du poids du coton qu'on avive, et j'ai même acquis la preuve qu'on le pouvoit sans danger, surtout lorsque les cotons sont bien nourris de couleur. Mais, dans ce cas, il faut faire bouillir fortement pendant une ou deux heures, et surveiller l'opération avec assez de soin pour que la couleur n'en soit pas appauvrie.

ARTICLE V.

Des Modifications qu'on peut apporter à la Composition d'Étain.

Rien de plus varié que la manière de former la composition qu'on emploie pour donner au coton son dernier lustre:

D'autres opèrent avec l'acide pur qu'ils mêlent avec du sel marin pour lui donner la propriété de dissoudre l'étain.

Quelques-uns délaient l'acide dans l'eau pure, et y font dissoudre l'étain réduit en copeaux.

Tous versent cette composition sur une dissolution d'alun, mais ils l'emploient à différentes doses.

On varie encore dans la manière de se servir de cette composition: au lieu de passer le coton dans les terrines, on verse quelquefois la composition dans une chaudière pleine d'eau tiède, et dans laquelle on a dissous 6 à 8 livres (3 à 4 kilogrammes) d'alun; on plonge le coton humide dans le bain; on l'y foule avec soin pendant quelques minutes, et jusqu'à ce qu'on se soit apperçu que la couleur est bien avivée.

En général, les liqueurs acides avivent le rouge de garance: le sel d'oseille produit un bon effet, de même que tous les acides végétaux; mais les acides muriatique et sulfurique rendent la couleur vineuse, et le muriatique oxigéné la dévore.

DES MODIFICATIONS QU'ON PEUT APPORTER À L'AVIVAGE,

CHAPITRE VI.

Des Modifications qu'on peut apporter aux procédés de la Teinture du Coton en rouge.

Je viens d'indiquer ce que je connois de mieux pour obtenir une belle couleur; j'ai décrit le procédé qui m'a le mieux réussi, et d'après lequel j'ai fabriqué pendant trois ans le plus beau rouge qui fut dans le commerce.

Je ne dirai rien que je n'aie pratiqué ou essayé assez en grand pour pouvoir en constater les résultats.

ARTICLE PREMIER.

Des Modifications qu'on peut apporter aux Apprêts.

L'art de préparer les lessives varie dans chaque pays, souvent dans chaque atelier: dans le Midi et au Levant, on les prépare dans d'immenses jarres qu'on enfonce dans la terre jusqu'au col, en leur donnant une légère inclinaison pour faciliter les moyens de puiser et de remuer les soudes qui y sont contenues. On agite plus ou moins souvent, selon le degré de force qu'on veut donner à la lessive; on ajoute de la soude à trois reprises: on en emploie près de 100 livres (5 myriagrammes) pour une partie de coton. La première lessive se fait avec 30 livres (15 kilogrammes); on en ajoute encore 30 pour former la première lessive de la seconde huile, et 40 pour former la première lessive de la troisième.

On varie beaucoup également sur la force des lessives: j'ai connu des

teinturiers qui en employoient de si fortes, que la peau des mains des ouvriers en étoit altérée. J'ai vu des lessives portées à 12 degrés; mais je me suis convaincu que ces fortes lessives n'étoient pas profitables, et même que la couleur n'avoit plus le moelleux ni le velouté qu'on peut donner en employant des lessives moins fortes.

Pour bien juger de la force qu'il convient de donner aux lessives, il suffit de se rappeler que les lessives n'ont d'autre but que de délayer l'huile, afin de la porter plus facilement dans le tissu, et que, par conséquent, des eaux de lessive, depuis un jusqu'à quatre degrés, sont plus que suffisantes.

Il ne suffit donc pas d'employer beaucoup d'huile, beaucoup d'alun et beaucoup de noix de galle pour former de belles couleurs: les proportions de ces ingrédiens sont déterminées. Ainsi, si l'on emploie trop d'huile, l'excédent reste dans le coton, et se perd en grande partie dans l'avivage. Si on emploie trop d'alun, il cristallise sur les fils eux-mêmes, et s'en détache par un lavage fait avec soin; si on emploie trop de noix de galle, elle est entraînée par les eaux dans les divers lavages.

Comme le coton peut prendre jusqu'à 30 pour 100 de poids par les ingrédiens de la teinture, les teinturiers qui spéculent sur la vente, lui donnent le plus d'huile possible: mais, ici, l'intérêt du consommateur se trouve lésé, et il est bien reconnu que le coton qui acquiert plus de 8 à 10 pour 100 de son poids primitif, est trop chargé.

J'ai essayé de remplacer la soude par la potasse pour former les lessives; et je l'ai employée à deux degrés pour la combiner avec l'huile. Le résultat en a été avantageux; la couleur du coton est sortie nourrie, brillante et sur-tout très-unie. La nuance vineuse que prend le coton au garançage, disparoît par l'avivage et la composition.

ARTICLE II.

Des Modifications qu'on peut apporter aux Mordans.

La noix de galle donne du corps aux couleurs; l'alun les éclaircit et les rend plus brillantes: on voit, d'après cela, ce que l'on doit attendre des différentes proportions dans lesquelles on peut employer ces deux mordans.

La bousseirolle, le redou, l'écorce d'aulne et celle de chêne ne peuvent pas, à leur tour, remplacer le sumach, qui, après la galle, est celui de tous les astringens qui produit le plus d'effet.

L'engallage peut se donner au coton dans une chaudière, comme le garançage: par ce moyen, le coton peut se pénétrer plus également du mordant; mais ce procédé devient plus dispendieux, par la grande quantité de noix de galle qu'il faut employer pour donner au bain une force suffisante.

On peut encore engaller dans une simple infusion de noix de galle; mais la

couleur en est plus pâle.

J'ai substitué avec avantage l'acétate d'alumine à l'alun; et je forme mon acétate, en jetant dans le bain d'alun de l'acétate de plomb (sel de saturne), dans la proportion du quart de l'alun employé: la liqueur blanchit dans le moment; il se forme bientôt un dépôt; la liqueur s'éclaircit, et c'est alors qu'on emploie la liqueur surnageant le dépôt, pour passer le coton dans les terrines.

J'ai constamment observé que le mordant d'acétate d'alumine rendoit la couleur plus vive et plus solide, en même temps que plus moelleuse.

Le nitrate d'alumine ne m'a présenté aucun avantage.

Le pyrolignite d'alumine bien purifié, peut être employé pour les violets.

ARTICLE III.

Des Modifications qu'on peut apporter au Garançage.

Lorsque la teinture des cotons a été portée en France, on garançoit deux fois le même coton, et à des temps différens: ce procédé est encore suivi dans beaucoup d'ateliers de teinture.

Le premier garançage se donne après les lessives de la seconde huile, l'engallage et l'alunage; on emploie une livre et demie de garance par livre de coton, et on avive par une simple lessive de soude à deux degrés.

Après avoir lavé et séché le coton sortant de l'avivage, on lui donne une troisième huile qui est suivie de trois ou quatre lessives; on engalle et alune de nouveau, pour garancer une seconde fois avec poids égal de garance. L'avivage se fait, cette fois-ci, avec la soude et le savon.

Il m'est arrivé très-souvent de donner deux huiles de suite, et sans autre opération intermédiaire que celle de sécher; j'alunois et engallois ensuite après quatre lessives; mais on ne peut confier ce travail qu'à des ouvriers très-habiles, parce qu'on a à craindre que la couleur ne soit pas unie.

On reconnoît que la garance est employée en excès, lorsque, après une ébullition prolongée, le bain reste toujours coloré en rouge; on peut connoître la quantité de garance qui est nécessaire, en en ajoutant jusqu'à ce que le coton refuse de s'en charger.

ARTICLE IV.

Des Modifications qu'on peut apporter à l'Avivage.

Au lieu de mettre, dans l'avivage, les cotons lavés et encore mouillés pour les y faire bouillir, pendant quelques heures, avec une dissolution de soude et de savon, quelques teinturiers sèchent les cotons, les passent à une lessive très-forte, et les jettent humides dans l'eau de la chaudière d'avivage, où ils

ont fait dissoudre 20 à 30 livres (un myriagramme à un myriagramme et demi) de savon. J'ai vu marquer, jusqu'à 10 et 12 degrés, la lessive de soude, dans laquelle on passe ces cotons.

La quantité de savon employée pour l'avivage varie encore dans chaque atelier. Je l'ai vu employer dans la proportion du quart du poids du coton qu'on avive, et j'ai même acquis la preuve qu'on le pouvoit sans danger, surtout lorsque les cotons sont bien nourris de couleur. Mais, dans ce cas, il faut faire bouillir fortement pendant une ou deux heures, et surveiller l'opération avec assez de soin pour que la couleur n'en soit pas appauvrie.

ARTICLE V.

Des Modifications qu'on peut apporter à la Composition d'Étain.

Rien de plus varié que la manière de former la composition qu'on emploie pour donner au coton son dernier lustre:

D'autres opèrent avec l'acide pur qu'ils mêlent avec du sel marin pour lui donner la propriété de dissoudre l'étain.

Quelques-uns délaient l'acide dans l'eau pure, et y font dissoudre l'étain réduit en copeaux.

Tous versent cette composition sur une dissolution d'alun, mais ils l'emploient à différentes doses.

On varie encore dans la manière de se servir de cette composition: au lieu de passer le coton dans les terrines, on verse quelquefois la composition dans une chaudière pleine d'eau tiède, et dans laquelle on a dissous 6 à 8 livres (3 à 4 kilogrammes) d'alun; on plonge le coton humide dans le bain; on l'y foule avec soin pendant quelques minutes, et jusqu'à ce qu'on se soit apperçu que la couleur est bien avivée.

En général, les liqueurs acides avivent le rouge de garance: le sel d'oseille produit un bon effet, de même que tous les acides végétaux; mais les acides muriatique et sulfurique rendent la couleur vineuse, et le muriatique oxigéné la dévore.

DES MODIFICATIONS QU'ON PEUT APPORTER À LA COMPOSITION D'ÉTAIN,

CHAPITRE VI.

Des Modifications qu'on peut apporter aux procédés de la Teinture du Coton en rouge.

Je viens d'indiquer ce que je connois de mieux pour obtenir une belle couleur; j'ai décrit le procédé qui m'a le mieux réussi, et d'après lequel j'ai fabriqué pendant trois ans le plus beau rouge qui fut dans le commerce.

Je ne dirai rien que je n'aie pratiqué ou essayé assez en grand pour pouvoir en constater les résultats.

ARTICLE PREMIER.

Des Modifications qu'on peut apporter aux Apprêts.

L'art de préparer les lessives varie dans chaque pays, souvent dans chaque atelier: dans le Midi et au Levant, on les prépare dans d'immenses jarres qu'on enfonce dans la terre jusqu'au col, en leur donnant une légère inclinaison pour faciliter les moyens de puiser et de remuer les soudes qui y sont contenues. On agite plus ou moins souvent, selon le degré de force qu'on veut donner à la lessive; on ajoute de la soude à trois reprises: on en emploie près de 100 livres (5 myriagrammes) pour une partie de coton. La première lessive se fait avec 30 livres (15 kilogrammes); on en ajoute encore 30 pour former la première lessive de la seconde huile, et 40 pour former la première lessive de la troisième.

On varie beaucoup également sur la force des lessives: j'ai connu des

teinturiers qui en employoient de si fortes, que la peau des mains des ouvriers en étoit altérée. J'ai vu des lessives portées à 12 degrés; mais je me suis convaincu que ces fortes lessives n'étoient pas profitables, et même que la couleur n'avoit plus le moelleux ni le velouté qu'on peut donner en employant des lessives moins fortes.

Pour bien juger de la force qu'il convient de donner aux lessives, il suffit de se rappeler que les lessives n'ont d'autre but que de délayer l'huile, afin de la porter plus facilement dans le tissu, et que, par conséquent, des eaux de lessive, depuis un jusqu'à quatre degrés, sont plus que suffisantes.

Il ne suffit donc pas d'employer beaucoup d'huile, beaucoup d'alun et beaucoup de noix de galle pour former de belles couleurs: les proportions de ces ingrédiens sont déterminées. Ainsi, si l'on emploie trop d'huile, l'excédent reste dans le coton, et se perd en grande partie dans l'avivage. Si on emploie trop d'alun, il cristallise sur les fils eux-mêmes, et s'en détache par un lavage fait avec soin; si on emploie trop de noix de galle, elle est entraînée par les eaux dans les divers lavages.

Comme le coton peut prendre jusqu'à 30 pour 100 de poids par les ingrédiens de la teinture, les teinturiers qui spéculent sur la vente, lui donnent le plus d'huile possible: mais, ici, l'intérêt du consommateur se trouve lésé, et il est bien reconnu que le coton qui acquiert plus de 8 à 10 pour 100 de son poids primitif, est trop chargé.

J'ai essayé de remplacer la soude par la potasse pour former les lessives; et je l'ai employée à deux degrés pour la combiner avec l'huile. Le résultat en a été avantageux; la couleur du coton est sortie nourrie, brillante et sur-tout très-unie. La nuance vineuse que prend le coton au garançage, disparoît par l'avivage et la composition.

ARTICLE II.

Des Modifications qu'on peut apporter aux Mordans.

La noix de galle donne du corps aux couleurs; l'alun les éclaircit et les rend plus brillantes: on voit, d'après cela, ce que l'on doit attendre des différentes proportions dans lesquelles on peut employer ces deux mordans.

La bousseirolle, le redou, l'écorce d'aulne et celle de chêne ne peuvent pas, à leur tour, remplacer le sumach, qui, après la galle, est celui de tous les astringens qui produit le plus d'effet.

L'engallage peut se donner au coton dans une chaudière, comme le garançage: par ce moyen, le coton peut se pénétrer plus également du mordant; mais ce procédé devient plus dispendieux, par la grande quantité de noix de galle qu'il faut employer pour donner au bain une force suffisante.

On peut encore engaller dans une simple infusion de noix de galle; mais la

couleur en est plus pâle.

J'ai substitué avec avantage l'acétate d'alumine à l'alun; et je forme mon acétate, en jetant dans le bain d'alun de l'acétate de plomb (sel de saturne), dans la proportion du quart de l'alun employé: la liqueur blanchit dans le moment; il se forme bientôt un dépôt; la liqueur s'éclaircit, et c'est alors qu'on emploie la liqueur surnageant le dépôt, pour passer le coton dans les terrines.

J'ai constamment observé que le mordant d'acétate d'alumine rendoit la couleur plus vive et plus solide, en même temps que plus moelleuse.

Le nitrate d'alumine ne m'a présenté aucun avantage.

Le pyrolignite d'alumine bien purifié, peut être employé pour les violets.

ARTICLE III.

Des Modifications qu'on peut apporter au Garançage.

Lorsque la teinture des cotons a été portée en France, on garançoit deux fois le même coton, et à des temps différens: ce procédé est encore suivi dans beaucoup d'ateliers de teinture.

Le premier garançage se donne après les lessives de la seconde huile, l'engallage et l'alunage; on emploie une livre et demie de garance par livre de coton, et on avive par une simple lessive de soude à deux degrés.

Après avoir lavé et séché le coton sortant de l'avivage, on lui donne une troisième huile qui est suivie de trois ou quatre lessives; on engalle et alune de nouveau, pour garancer une seconde fois avec poids égal de garance. L'avivage se fait, cette fois-ci, avec la soude et le savon.

Il m'est arrivé très-souvent de donner deux huiles de suite, et sans autre opération intermédiaire que celle de sécher; j'alunois et engallois ensuite après quatre lessives; mais on ne peut confier ce travail qu'à des ouvriers très-habiles, parce qu'on a à craindre que la couleur ne soit pas unie.

On reconnoît que la garance est employée en excès, lorsque, après une ébullition prolongée, le bain reste toujours coloré en rouge; on peut connoître la quantité de garance qui est nécessaire, en en ajoutant jusqu'à ce que le coton refuse de s'en charger.

ARTICLE IV.

Des Modifications qu'on peut apporter à l'Avivage.

Au lieu de mettre, dans l'avivage, les cotons lavés et encore mouillés pour les y faire bouillir, pendant quelques heures, avec une dissolution de soude et de savon, quelques teinturiers sèchent les cotons, les passent à une lessive très-forte, et les jettent humides dans l'eau de la chaudière d'avivage, où ils

ont fait dissoudre 20 à 30 livres (un myriagramme à un myriagramme et demi) de savon. J'ai vu marquer, jusqu'à 10 et 12 degrés, la lessive de soude, dans laquelle on passe ces cotons.

La quantité de savon employée pour l'avivage varie encore dans chaque atelier. Je l'ai vu employer dans la proportion du quart du poids du coton qu'on avive, et j'ai même acquis la preuve qu'on le pouvoit sans danger, surtout lorsque les cotons sont bien nourris de couleur. Mais, dans ce cas, il faut faire bouillir fortement pendant une ou deux heures, et surveiller l'opération avec assez de soin pour que la couleur n'en soit pas appauvrie.

ARTICLE V.

Des Modifications qu'on peut apporter à la Composition d'Étain.

Rien de plus varié que la manière de former la composition qu'on emploie pour donner au coton son dernier lustre:

D'autres opèrent avec l'acide pur qu'ils mêlent avec du sel marin pour lui donner la propriété de dissoudre l'étain.

Quelques-uns délaient l'acide dans l'eau pure, et y font dissoudre l'étain réduit en copeaux.

Tous versent cette composition sur une dissolution d'alun, mais ils l'emploient à différentes doses.

On varie encore dans la manière de se servir de cette composition: au lieu de passer le coton dans les terrines, on verse quelquefois la composition dans une chaudière pleine d'eau tiède, et dans laquelle on a dissous 6 à 8 livres (3 à 4 kilogrammes) d'alun; on plonge le coton humide dans le bain; on l'y foule avec soin pendant quelques minutes, et jusqu'à ce qu'on se soit apperçu que la couleur est bien avivée.

En général, les liqueurs acides avivent le rouge de garance: le sel d'oseille produit un bon effet, de même que tous les acides végétaux; mais les acides muriatique et sulfurique rendent la couleur vineuse, et le muriatique oxigéné la dévore.

DE LA MANIÈRE DE PRODUIRE QUELQUES NUANCES DE ROUGE CONNUES DANS LE COMMERCE,

CHAPITRE VII.

De la Manière de produire quelques Nuances de Rouge connues dans le commerce.

ARTICLE PREMIER.

Du Rouge des Indes.

Cette couleur terne, sombre, est encore connue sous le nom de rouge brûlé. Quoiqu'elle n'ait pas beaucoup d'éclat, elle est très recherchée, parce qu'elle se marie parfaitement avec toutes les autres couleurs, et qu'elle imite le rouge qui se trouve sur les mouchoirs de coton apportés des Indes.

Chaque atelier a son secret pour faire cette couleur: je donnerai le mien, sans croire pourtant qu'il soit le meilleur de tous ceux qu'on peut employer ailleurs.

Je décrue le coton à l'ordinaire, et le fais bouillir ensuite pendant demi-heure dans l'eau de chaux.

Je le tire de l'huile et le passe au mordant suivant: dans une dissolution tiède de 25 livres (12 kilogrammes) d'alun, je mets 8 livres (4 kilogrammes) d'acétate de plomb, une livre (demi-kilogramme) de soude, et 8 onces (2 hectogrammes) de sel ammoniaque.

On garance avec une livre et demie de garance par livre de coton, et on avive avec soude et savon.

Si la couleur est maigre, on donne une seconde huile et trois lessives, on passe au même mordant, et on garance en employant la garance à poids égal.

J'ai encore obtenu un beau rouge brûlé, en suivant rigoureusement le procédé que j'ai décrit pour la teinture en rouge; mais au lieu d'employer la lessive pure de soude, je faisois la lessive par l'eau de chaux.

ARTICLE II.

De la Couleur Rose.

Rien de plus aisé que d'obtenir une couleur rose qui ne soit pas solide, et rien de plus difficile que de former du rose bien uni et qui soit aussi solide que le rouge.

Je ne parlerai pas des procédés qui donnent le premier: il n'entre pas dans mon plan de traiter des couleurs qui ne peuvent pas résister aux plus fortes lessives. Je ne décrirai donc que les procédés suivans:

2°. En employant peu de noix de galle et beaucoup de sumach pour former le premier mordant du coton, passant ensuite deux fois dans l'acétate d'alumine, avivant, après le garançage, avec le seul savon employé à haute dose, j'ai obtenu des couleurs roses superbes.

3°. Si on prend le coton teint en bleu de ciel par l'indigo, et qu'on le traite comme par le procédé du rouge d'Andrinople, le bleu qui résiste aux huiles, aux lessives froides, à l'engallage et à l'alunage, devient violet au garançage, et prend à l'avivage une couleur rose que j'ai obtenue quelquefois, mais pas constamment, d'une très-grande beauté.

ARTICLE III.

De l'Écarlate.

Lorsqu'on a le projet de donner au coton assez de brillant pour le rapprocher de la plus belle des couleurs, l'écarlate, il faut avoir l'attention de ne pas charger les cotons d'huile, et de n'employer que des lessives foibles et nombreuses; il faut augmenter la dose de l'alun, ne se servir que de la meilleure garance, et aviver avec beaucoup de savon.

On prend de l'acide nitrique à 35 degrés, qu'on affoiblit en y mêlant trois parties d'eau sur deux d'acide, on y fait dissoudre des copeaux d'étain jusqu'à ce que la liqueur devienne opale.

On emploie ensuite cette liqueur, marquant depuis 8 jusqu'à 15 degrés au pèse-liqueur, selon la nuance qu'on désire donner à la couleur; on passe les cotons avec soin, on les laisse pendant quelque temps sur la table avant de les laver. Mais lorsque la composition marque plus de 12 degrés, il convient de laver le coton, quelques minutes après qu'on l'a passé.

La composition se fait dans une jarre, et le coton se passe dans les terrines: le métal seroit attaqué à ce degré de force.

J'ai fait passer des cotons dans la composition marquant 20 degrés: le coton n'en est pas altéré, pourvu qu'on ne tarde pas à le laver.

DU ROUGE DES INDES,

CHAPITRE VII.

De la Manière de produire quelques Nuances de Rouge connues dans le commerce.

ARTICLE PREMIER.

Du Rouge des Indes.

Cette couleur terne, sombre, est encore connue sous le nom de rouge brûlé. Quoiqu'elle n'ait pas beaucoup d'éclat, elle est très recherchée, parce qu'elle se marie parfaitement avec toutes les autres couleurs, et qu'elle imite le rouge qui se trouve sur les mouchoirs de coton apportés des Indes.

Chaque atelier a son secret pour faire cette couleur: je donnerai le mien, sans croire pourtant qu'il soit le meilleur de tous ceux qu'on peut employer ailleurs.

Je décrue le coton à l'ordinaire, et le fais bouillir ensuite pendant demi-heure dans l'eau de chaux.

Je le tire de l'huile et le passe au mordant suivant: dans une dissolution tiède de 25 livres (12 kilogrammes) d'alun, je mets 8 livres (4 kilogrammes) d'acétate de plomb, une livre (demi-kilogramme) de soude, et 8 onces (2 hectogrammes) de sel ammoniaque.

On garance avec une livre et demie de garance par livre de coton, et on avive avec soude et savon.

Si la couleur est maigre, on donne une seconde huile et trois lessives, on passe au même mordant, et on garance en employant la garance à poids égal.

J'ai encore obtenu un beau rouge brûlé, en suivant rigoureusement le procédé que j'ai décrit pour la teinture en rouge; mais au lieu d'employer la lessive pure de soude, je faisois la lessive par l'eau de chaux.

ARTICLE II.

De la Couleur Rose.

Rien de plus aisé que d'obtenir une couleur rose qui ne soit pas solide, et rien de plus difficile que de former du rose bien uni et qui soit aussi solide que le rouge.

Je ne parlerai pas des procédés qui donnent le premier: il n'entre pas dans mon plan de traiter des couleurs qui ne peuvent pas résister aux plus fortes lessives. Je ne décrirai donc que les procédés suivans:

2°. En employant peu de noix de galle et beaucoup de sumach pour former le premier mordant du coton, passant ensuite deux fois dans l'acétate d'alumine, avivant, après le garançage, avec le seul savon employé à haute dose, j'ai obtenu des couleurs roses superbes.

3°. Si on prend le coton teint en bleu de ciel par l'indigo, et qu'on le traite comme par le procédé du rouge d'Andrinople, le bleu qui résiste aux huiles, aux lessives froides, à l'engallage et à l'alunage, devient violet au garançage, et prend à l'avivage une couleur rose que j'ai obtenue quelquefois, mais pas constamment, d'une très-grande beauté.

ARTICLE III.

De l'Écarlate.

Lorsqu'on a le projet de donner au coton assez de brillant pour le rapprocher de la plus belle des couleurs, l'écarlate, il faut avoir l'attention de ne pas charger les cotons d'huile, et de n'employer que des lessives foibles et nombreuses; il faut augmenter la dose de l'alun, ne se servir que de la meilleure garance, et aviver avec beaucoup de savon.

On prend de l'acide nitrique à 35 degrés, qu'on affoiblit en y mêlant trois parties d'eau sur deux d'acide, on y fait dissoudre des copeaux d'étain jusqu'à ce que la liqueur devienne opale.

On emploie ensuite cette liqueur, marquant depuis 8 jusqu'à 15 degrés au pèse-liqueur, selon la nuance qu'on désire donner à la couleur; on passe les cotons avec soin, on les laisse pendant quelque temps sur la table avant de les laver. Mais lorsque la composition marque plus de 12 degrés, il convient de laver le coton, quelques minutes après qu'on l'a passé.

La composition se fait dans une jarre, et le coton se passe dans les terrines: le métal seroit attaqué à ce degré de force.

J'ai fait passer des cotons dans la composition marquant 20 degrés: le coton n'en est pas altéré, pourvu qu'on ne tarde pas à le laver.

DE LA COULEUR ROSE,

CHAPITRE VII.

De la Manière de produire quelques Nuances de Rouge connues dans le commerce.

ARTICLE PREMIER.

Du Rouge des Indes.

Cette couleur terne, sombre, est encore connue sous le nom de rouge brûlé. Quoiqu'elle n'ait pas beaucoup d'éclat, elle est très recherchée, parce qu'elle se marie parfaitement avec toutes les autres couleurs, et qu'elle imite le rouge qui se trouve sur les mouchoirs de coton apportés des Indes.

Chaque atelier a son secret pour faire cette couleur: je donnerai le mien, sans croire pourtant qu'il soit le meilleur de tous ceux qu'on peut employer ailleurs.

Je décrue le coton à l'ordinaire, et le fais bouillir ensuite pendant demi-heure dans l'eau de chaux.

Je le tire de l'huile et le passe au mordant suivant: dans une dissolution tiède de 25 livres (12 kilogrammes) d'alun, je mets 8 livres (4 kilogrammes) d'acétate de plomb, une livre (demi-kilogramme) de soude, et 8 onces (2 hectogrammes) de sel ammoniaque.

On garance avec une livre et demie de garance par livre de coton, et on avive avec soude et savon.

Si la couleur est maigre, on donne une seconde huile et trois lessives, on passe au même mordant, et on garance en employant la garance à poids égal.

J'ai encore obtenu un beau rouge brûlé, en suivant rigoureusement le procédé que j'ai décrit pour la teinture en rouge; mais au lieu d'employer la lessive pure de soude, je faisois la lessive par l'eau de chaux.

ARTICLE II.

De la Couleur Rose.

Rien de plus aisé que d'obtenir une couleur rose qui ne soit pas solide, et rien de plus difficile que de former du rose bien uni et qui soit aussi solide que le rouge.

Je ne parlerai pas des procédés qui donnent le premier: il n'entre pas dans mon plan de traiter des couleurs qui ne peuvent pas résister aux plus fortes lessives. Je ne décrirai donc que les procédés suivans:

2°. En employant peu de noix de galle et beaucoup de sumach pour former le premier mordant du coton, passant ensuite deux fois dans l'acétate d'alumine, avivant, après le garançage, avec le seul savon employé à haute dose, j'ai obtenu des couleurs roses superbes.

3°. Si on prend le coton teint en bleu de ciel par l'indigo, et qu'on le traite comme par le procédé du rouge d'Andrinople, le bleu qui résiste aux huiles, aux lessives froides, à l'engallage et à l'alunage, devient violet au garançage, et prend à l'avivage une couleur rose que j'ai obtenue quelquefois, mais pas constamment, d'une très-grande beauté.

ARTICLE III.

De l'Écarlate.

Lorsqu'on a le projet de donner au coton assez de brillant pour le rapprocher de la plus belle des couleurs, l'écarlate, il faut avoir l'attention de ne pas charger les cotons d'huile, et de n'employer que des lessives foibles et nombreuses; il faut augmenter la dose de l'alun, ne se servir que de la meilleure garance, et aviver avec beaucoup de savon.

On prend de l'acide nitrique à 35 degrés, qu'on affoiblit en y mêlant trois parties d'eau sur deux d'acide, on y fait dissoudre des copeaux d'étain jusqu'à ce que la liqueur devienne opale.

On emploie ensuite cette liqueur, marquant depuis 8 jusqu'à 15 degrés au pèse-liqueur, selon la nuance qu'on désire donner à la couleur; on passe les cotons avec soin, on les laisse pendant quelque temps sur la table avant de les laver. Mais lorsque la composition marque plus de 12 degrés, il convient de laver le coton, quelques minutes après qu'on l'a passé.

La composition se fait dans une jarre, et le coton se passe dans les terrines: le métal seroit attaqué à ce degré de force.

J'ai fait passer des cotons dans la composition marquant 20 degrés: le coton n'en est pas altéré, pourvu qu'on ne tarde pas à le laver.

DE L'ÉCARLATE,

CHAPITRE VII.

De la Manière de produire quelques Nuances de Rouge connues dans le commerce.

ARTICLE PREMIER.

Du Rouge des Indes.

Cette couleur terne, sombre, est encore connue sous le nom de rouge brûlé. Quoiqu'elle n'ait pas beaucoup d'éclat, elle est très recherchée, parce qu'elle se marie parfaitement avec toutes les autres couleurs, et qu'elle imite le rouge qui se trouve sur les mouchoirs de coton apportés des Indes.

Chaque atelier a son secret pour faire cette couleur: je donnerai le mien, sans croire pourtant qu'il soit le meilleur de tous ceux qu'on peut employer ailleurs.

Je décrue le coton à l'ordinaire, et le fais bouillir ensuite pendant demi-heure dans l'eau de chaux.

Je le tire de l'huile et le passe au mordant suivant: dans une dissolution tiède de 25 livres (12 kilogrammes) d'alun, je mets 8 livres (4 kilogrammes) d'acétate de plomb, une livre (demi-kilogramme) de soude, et 8 onces (2 hectogrammes) de sel ammoniaque.

On garance avec une livre et demie de garance par livre de coton, et on avive avec soude et savon.

Si la couleur est maigre, on donne une seconde huile et trois lessives, on passe au même mordant, et on garance en employant la garance à poids égal.

J'ai encore obtenu un beau rouge brûlé, en suivant rigoureusement le procédé que j'ai décrit pour la teinture en rouge; mais au lieu d'employer la lessive pure de soude, je faisois la lessive par l'eau de chaux.

ARTICLE II.

De la Couleur Rose.

Rien de plus aisé que d'obtenir une couleur rose qui ne soit pas solide, et rien de plus difficile que de former du rose bien uni et qui soit aussi solide que le rouge.

Je ne parlerai pas des procédés qui donnent le premier: il n'entre pas dans mon plan de traiter des couleurs qui ne peuvent pas résister aux plus fortes lessives. Je ne décrirai donc que les procédés suivans:

2°. En employant peu de noix de galle et beaucoup de sumach pour former le premier mordant du coton, passant ensuite deux fois dans l'acétate d'alumine, avivant, après le garançage, avec le seul savon employé à haute dose, j'ai obtenu des couleurs roses superbes.

3°. Si on prend le coton teint en bleu de ciel par l'indigo, et qu'on le traite comme par le procédé du rouge d'Andrinople, le bleu qui résiste aux huiles, aux lessives froides, à l'engallage et à l'alunage, devient violet au garançage, et prend à l'avivage une couleur rose que j'ai obtenue quelquefois, mais pas constamment, d'une très-grande beauté.

ARTICLE III.

De l'Écarlate.

Lorsqu'on a le projet de donner au coton assez de brillant pour le rapprocher de la plus belle des couleurs, l'écarlate, il faut avoir l'attention de ne pas charger les cotons d'huile, et de n'employer que des lessives foibles et nombreuses; il faut augmenter la dose de l'alun, ne se servir que de la meilleure garance, et aviver avec beaucoup de savon.

On prend de l'acide nitrique à 35 degrés, qu'on affoiblit en y mêlant trois parties d'eau sur deux d'acide, on y fait dissoudre des copeaux d'étain jusqu'à ce que la liqueur devienne opale.

On emploie ensuite cette liqueur, marquant depuis 8 jusqu'à 15 degrés au pèse-liqueur, selon la nuance qu'on désire donner à la couleur; on passe les cotons avec soin, on les laisse pendant quelque temps sur la table avant de les laver. Mais lorsque la composition marque plus de 12 degrés, il convient de laver le coton, quelques minutes après qu'on l'a passé.

La composition se fait dans une jarre, et le coton se passe dans les terrines: le métal seroit attaqué à ce degré de force.

J'ai fait passer des cotons dans la composition marquant 20 degrés: le coton n'en est pas altéré, pourvu qu'on ne tarde pas à le laver.

DU ROUGE DE GARANCE OBTENU PAR D'AUTRES PROCÉDÉS PLUS ÉCONOMIQUES,

CHAPITRE VIII.

Du Rouge de garance obtenu par d'autres procédés plus économiques.

Je suis convaincu que pour avoir un beau rouge bien solide, on ne peut guère s'écarter des méthodes que nous avons décrites; du moins jusqu'à ce jour toutes les recherches ont été infructueuses, mais il est possible d'apporter des modifications heureuses, en diminuant la dépense, en abrégeant les opérations, en supprimant ou remplaçant quelques-uns des ingrédiens; et c'est ce dont nous allons nous occuper dans ce moment.

Lorsque, par exemple, les cotons ne sont pas destinés à recevoir l'action des lessives fortes, on peut les teindre en une assez belle couleur par le procédé suivant:

On sèche le coton, on le lave et on le garance avec une livre et demie de garance par livre de coton.

La couleur qu'on obtient par ce procédé est assez nourrie, assez brillante, assez égale pour pouvoir être employée; mais on ne peut pas la classer parmi les couleurs solides de garance, parce que les fortes lessives l'altèrent, et qu'elle ne résisteroit pas à l'avivage.

Je mêle alors cette dissolution d'acétate de chaux avec parties égales d'acétate d'alumine, préparé par 40 livres (2 myriagrammes) d'alun dissous dans 240 livres (12 myriagrammes) d'eau, et 10 livres (5 kilogrammes) de sel de saturne.

Je décante la liqueur qui surnage le dépôt, et la fais tiédir pour y passer le coton qu'on a décrué avec soin.

Le mordant se trouble lorsqu'on y travaille le coton. Il reste clair à une chaleur quelconque.

On sèche, on lave, on sèche encore et on garance dans un bain d'une livre et demie de garance par livre de coton.

On avive avec la lessive de soude et le savon.

On réavive au savon seul, et puis on passe à la composition d'étain.

Si, au lieu d'employer le coton sortant du décrûment, on passe dans ce mordant le coton sortant des huiles, on obtient une couleur très-foncée et très-solide: la couleur est même brillante et belle, si, avant d'appliquer ce mordant, on donne au coton une huile et trois lessives.

DU MÉLANGE DU ROUGE DE GARANCE AVEC LE BLEU POUR FORMER LE VIOLET ET TOUTES SES NUANCES,

CHAPITRE IX.

Du Mélange du Rouge de garance avec le Bleu pour former le Violet et toutes ses nuances.

Ce mélange du rouge et du bleu forme le violet, et comprend toutes les nuances depuis le lilas jusqu'au violet le plus foncé.

Long-temps on a obtenu les violets, en passant les cotons rouges dans la cuve au bleu d'indigo. On peut même, par ce moyen, se procurer une couleur vive et agréable, en employant la nuance de rouge qui convient: j'ai acquis la preuve que, pour arriver à un bon résultat, il faut des cotons peu chargés d'huile et de galle, et fortement avivés; les couleurs maigres réussissent mieux que celles qui ont beaucoup de corps.

Mais cette couleur par l'indigo, quoique belle, n'est pas estimée; et l'on préfère le violet qu'on fait dans les fabriques avec les préparations de fer et la garance.

Il n'est pas d'objet sur lequel j'aie plus réfléchi et autant travaillé. Je vais rapporter ici les résultats plutôt que les détails de mes nombreuses expériences, en écartant avec soin tout ce qui ne mérite plus d'occuper une place dans l'histoire des progrès de la teinture.

Pour obtenir un beau violet, on commence par décruer le coton et le passer successivement à trois huiles et à des lessives, comme pour le rouge ordinaire.

Dès qu'on l'a tiré de l'huile et séché, on lui donne le mordant suivant:

Le coton change de couleur entre les mains de l'ouvrier: il devient chamoisnankin très-agréable.

On ouvre le coton sur la table, on l'y laisse reposer un instant; après quoi, on le lave avec le plus grand soin dans une eau courante. Le seul contact de l'air, lorsqu'on le passe dans les terrines, et sur-tout lorsqu'on l'ouvre ou frise sur la table, le colore en un nankin foncé très-solide. C'est pour cela qu'il importe de l'agiter, de l'éventer pour que l'air le frappe sur tous les points, et qu'il se colore également par-tout, avant qu'on le lave.

On lave le coton sans le faire sécher.

Lorsque le coton est bien lavé et tordu, on le passe en cordes pour le garancer, sans le faire sécher préalablement.

Le bain de garance se compose comme à l'ordinaire; mais on n'emploie d'abord que parties égales de garance.

Pendant le temps qu'on lave le coton, on monte un second bain de garance, dans la proportion d'une livre et demie de garance par livre de coton.

On porte le coton dans le bain dès qu'il est tiède, on l'y travaille avec soin, et on l'y fait bouillir pendant 25 minutes.

Après le garançage, le coton est noirâtre; on le lave bien encore, et on l'avive avec 80 livres de savon (4 myriagrammes). Rarement le coton a besoin de plus de demi-heure ou d'une heure d'ébullition pour acquérir la plus belle nuance de violet.

Le sel de saturne et l'alun rendent cette couleur d'autant moins foncée, et l'approchent d'autant plus du rouge, qu'ils sont dans une proportion plus forte par rapport à la couperose. En variant les proportions, on peut obtenir toutes les nuances qu'on désire.

Cinquante livres (25 kilogrammes) alun, 12 (6 kilogrammes) couperose, 6 (3 kilogrammes) sel de saturne, m'ont donné une belle couleur d'un violet clair.

Quarante livres (20 kilogrammes) alun, 20 (10 kilogrammes) couperose, 8 (4 kilogrammes) sel de saturne, fournissent une couleur d'un violet foncé, nourri et très-agréable.

Dans tous les cas, les cotons doivent être travaillés par le procédé que nous avons décrit.

On a essayé de mettre la dissolution de fer dans le bain de garance, d'en imprégner le coton avant de le passer aux huiles, etc. mais je n'ai rien trouvé de plus avantageux que ce que j'ai décrit; et, en conseillant de laver et de garancer le coton en sortant du mordant, je crois avoir résolu le problème si difficile, de donner au violet et à ses nuances une couleur à-la-fois brillante et bien unie.

On peut encore porter le fer sur le coton après le dernier alunage, et lorsqu'il est lavé et séché. Mais, dans ce cas, les pores sont tellement remplis de mordant, que le coton repousse celui qu'on lui présente, et refuse de s'en imprégner.

Il nous reste encore une observation très-essentielle à faire, c'est que le bleu de fer et le rouge de garance, étant diversement solubles dans les matières qui servent à l'avivage, on peut, à volonté, faire prédominer le rouge ou le bleu et nuancer, à son gré, le violet. La soude détruit le fer et développe le rouge; le savon dissout le rouge et fait prédominer le fer: ainsi la soude ou le savon, convenablement employés, peuvent varier les nuances de violet presqu'à l'infini.

THÉORIE DE L'OPÉRATION DE LA TEINTURE DU COTON EN ROUGE,

CHAPITRE X.

Théorie de l'opération de la Teinture du Coton en rouge.

La partie ligneuse et l'écorce de la racine de la garance, ont le même principe colorant; mais il est plus vif et moins chargé d'extractif dans le bois que dans l'écorce; et c'est pour cela qu'on le préfère pour obtenir des couleurs vives.

C'est cette difficulté de tenir à-la-fois en dissolution une grande quantité du principe colorant de la garance, qui rendra très-difficile la solution du problème le plus important que présente l'art de l'imprimeur sur toile, celui d'épaissir le principe colorant de la garance, et de le porter, par impression, sur l'étoffe.

L'infusion de garance dans l'eau froide, devient d'un rouge violet par l'ammoniaque, les alkalis fixes et la chaux.

La couleur rouge disparoît lorsqu'on sature l'alkali par un acide, et la liqueur reprend sa première teinte jaunâtre.

L'infusion et la décoction de garance donnent des marques d'acidité avec les papiers réactifs.

La dissolution de fer y forme un précipité noir; celle de cuivre y produit un léger dépôt verdâtre, et l'acétate de plomb y occasionne un précipité abondant et d'un blanc-grisâtre.

L'acétate d'alumine préparé avec une dissolution d'alun et un quart de sel de saturne, ne précipite pas à froid l'infusion de garance, mais la chaleur la rend trouble, et il se forme un léger dépôt couleur de rose.

L'eau bouillante versée sur le résidu, qui ne peut plus colorer l'eau froide, y prend une teinte jaune-orange-rougeâtre. La couleur acquiert un peu plus d'intensité lorsqu'on fait bouillir l'eau sur le résidu. L'écume que produit l'ébullition devient d'un beau violet par le contact de l'air. La couleur filtrée colore le filtre en violet.

J'ai observé constamment que la couleur de garance est violette toutes les fois qu'elle est fortement concentrée; on la ramène au rouge en la délayant. Il paroît aussi que le contact de l'air et l'absorption de l'oxigène peuvent produire la couleur violette; c'est ce qui semble résulter des faits ci-dessus et de beaucoup d'autres.

L'eau de savon versée sur l'infusion ou la décoction, forme un précipité couleur de chair.

L'infusion de garance dans une eau de potasse légère, quoique très-foncée en couleur, ne donne au coton préparé qu'une teinte d'un rouge maigre.

L'infusion alkaline de garance mêlée avec l'acétate d'alumine, laisse précipiter quelques flocons qui troublent à peine la transparence: le mélange perd sa couleur foncée de campêche, et devient rouge. On peut en précipiter une belle lacque violette par le carbonate de potasse.

L'eau pure bouillie sur le résidu de garance, qui ne fournit plus de couleur à l'eau de potasse, prend elle-même une teinte d'un assez beau rouge-clair; mais elle cesse bientôt de s'y colorer. L'alcool n'y prend qu'une nuance de brun-rouge, sans aucune trace de jaune.

On peut teindre le coton préparé pour le rouge, dans l'infusion par l'alcool, en une couleur écorce-jaune-sale: le papier s'y colore de même.

L'acétate d'alumine forme, dans l'infusion par l'alcool, un précipité qui paroît abondant, mais qui ne laisse sur le filtre qu'une poudre rose de peu de volume. Ce mélange d'acétate d'alumine et d'infusion d'alcool sur la garance, devient trouble par l'action de la chaleur, et dépose une lacque d'un rouge brun, difficile à sécher.

L'eau bouillante se colore en rouge obscur sur le résidu de garance, qui est insoluble dans l'alcool. Le filtre devient violet. L'eau de potasse s'y colore en rouge.

4°. Le réactif qui m'a paru le plus propre à donner quelque connoissance du principe colorant de la garance, considéré dans ses rapports avec la teinture, c'est l'acétate d'alumine préparé par la méthode que nous avons déjà indiquée.

La dissolution d'acétate d'alumine filtrée sur 400 grains (21,867 grammes) de garance, se colore en rouge; la liqueur devient trouble par la chaleur, et forme un dépôt d'une belle couleur orangée; la lacque ramassée par le filtre, et séchée, a pesé 2 grains (1,06230 décigramme).

Pour obtenir une belle couleur écarlate, il faut affoiblir la dissolution d'acétate, et la faire bouillir sur la garance jusqu'à ce qu'elle ait pris une belle couleur. On décante alors; il se sépare, par le seul refroidissement, quelques flocons rouges, qui ne sont que de la couleur portée sur un peu d'alumine.

Mais, en versant, dessus la liqueur, du carbonate de potasse en dissolution, il se fait un beau précipité écarlate, qui, vers la fin, devient vineux et un peu violet si on sature complètement par l'alkali. Il faut donc, pour obtenir une belle couleur, ne pas saturer d'alkali, et laisser toujours un peu d'acétate à décomposer. Lorsqu'on a tourné la couleur par l'addition d'un peu trop d'alkali, on la rétablit en ajoutant une nouvelle quantité du bain de garance et d'acétate, jusqu'à faire prédominer ce dernier sur l'alkali.

Les dernières lessives sont toujours les plus belles, et fournissent la plus belle lacque: les premières contiennent beaucoup plus d'extractif et de principe jaune.

L'ammoniaque précipite en violet.

Si, à présent, nous reportons notre attention sur les opérations du procédé par lequel on fixe la couleur de la garance sur le coton, nous verrons qu'elles sont toutes fondées sur les faits que nous venons d'établir.

On commence par décruer le coton, ou par en ouvrir les pores, pour qu'il puisse se pénétrer plus aisément des apprêts et des mordans.

Après cela, on engalle: et, ici, l'huile forme déjà une première combinaison avec la noix de galle, comme on peut s'en convaincre en mêlant une solution de savon à une décoction de noix de galle.

Cette première combinaison de l'huile avec la galle, a déjà la plus grande affinité avec le principe colorant de la garance; mais la couleur est très-noire, très-sale, très-difficile à aviver. C'est pour cela qu'on ajoute à cette première combinaison un troisième principe qui rend le composé plus propre à fixer la couleur et à lui donner de l'éclat; ce troisième principe, c'est l'alumine de l'alun.

Voilà donc une combinaison à trois principes, fixée au coton par une affinité très-forte, et très-avide du principe colorant de la garance.

Lorsqu'on a saturé le mordant à trois principes, de toute la couleur qu'il peut prendre, les lavages à l'eau et l'avivage par les lessives alkalines ne font que dépouiller le coton de tout le principe colorant qui n'est pas fixé sur le mordant, et qui adhère plus ou moins au tissu du coton ou à du mordant qui n'est pas fixé.

Le coton ne retient, après ces opérations, que l'huile, la galle et l'alumine fortement combinées et saturées du principe colorant. On peut y prouver, par l'analyse, l'existence de tous ces corps.

La composition acide dans laquelle on passe les cotons sortant de l'avivage, ne produit son effet que sur la couleur qu'elle change et avive.

EXPLICATION DES FIGURES

EXPLICATION DES FIGURES

DE L'ART DE LA TEINTURE DU COTON EN ROUGE.

PLANCHE PREMIÈRE.

Figure ière représente une terrine dans laquelle on passe le colon dans les mordans.

Fig. 2 représente une jarre dans laquelle on met les mordans.

Fig. 3 représente une cheville à laquelle on accroche le coton lorsqu'on veut en exprimer le mordant.

Fig. 4 représente deux des côtés d'une salle aux apprêts ou aux mordans. Les terrines et les jarres y sont figurées par des lignes ponctuées, attendu qu'elles sont enchâssées dans la maçonnerie.

Fig. 5 représente le plan d'une salle destinée aux apprêts, avec trois tables dans le milieu pour y déposer et friser les cotons.

Fig. 6 représente une chaudière d'avivage en cuivre.

PLANCHE II.

Fig. ière représente un lavoir.
a Courant d'eau.

b Ouvrier qui lave du coton.
c Ouvrier qui tord du coton.
dd Chevilles établies sur les banquettes pour tordre les cotons.

Fig. 2 représente un étendage.
aa Rangs de l'étendage.
bb Barres chargées de coton.
cc Hangar.
dd Barres chargées de coton, mises à l'abri sous le hangar.

PLANCHE III,
Représentant le plan d'un Atelier de teinture.

a

Cour de l'atelier.

b

Porte d'entrée.

c

Logement du directeur des travaux.

d

Magasin pour les soudes.

e

Magasin pour les huiles et le savon.

f

Magasin pour les noix de galle et sumach.

g

Magasin pour les garances.

h

Atelier propre à broyer la garance.

i

Salle des mordans aux huiles.

k

Salle des mordans d'alun et de noix de galle.

l

Salle pour le bain acide ou secret.

m

Salle pour les chaudières de garançage et d'avivage.

nn

Lavoir.

ooo

Étendage.

pp

Hangar.

PLANCHE IV,
Représentant l'intérieur d'une Salle aux mordans.

TABLE DES MATIÈRES

L.

Lacque. On peut extraire de la garance une aussi belle lacque que de la cochenille, et préférable dans ses usages, 155 et suiv.

Lavage. Après les huiles, 96 et suiv. Après les mordans, 100 et suiv. Après le garançage, 105. Après l'avivage, 108. Après le secret, 110.

Lavoir. Des dispositions à donner à un lavoir, 42 et suiv.

Lin. Comparaison entre le lin et le coton sous le rapport de la teinture, 110.

Local. Moyens de disposer un local destiné pour la teinture, 18. Disposition des magasins, 20. Disposition de l'atelier de broiement, comparaison entre les méthodes de broiement, 21. Dispositions à donner à la salle des apprêts ou mordans, 24 et suiv. Disposition de l'atelier pour le garançage et l'avivage, 30 et suiv. Dispositions à donner au lavoir, 42 et suiv. Dispositions à donner à l'étendage.

Localité. Son influence sur le sort d'une fabrique, 9 et suiv.

M.

Magasins. Moyens de bien placer les magasins destinés pour une teinture, 20.

Manipulation des cotons. Moyens de manipuler les cotons dans les diverses opérations de la teinture, 83 et suiv.

Midi. Avantages du midi sur le nord pour l'établissement d'une teinture de coton, 11 et suiv. Causes qui ont balancé ces avantages dans les premiers temps, 14

Mordans. Disposition de la salle des mordans, 24. Ce que c'est, 98. Galle considérée comme mordant, 98. Alun, ibid. 99 et 100. Huiles, ibid. 103. Modifications apportées aux mordans, 118 et suiv.

N.

Natron, 66.

Noix de galle. Choix de la noix de galle pour la teinture, 72 et suiv. Diverses qualités de noix de galle dans le commerce, ibid. et suiv. Galle noire, ibid.